Chemie

Für Mike und vor allem Christina,

ohne die dieses Buch nicht

zustande gekommen wäre.

Chemie

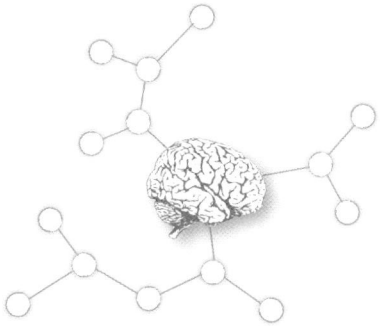

„Kluge Wissenschaft für kluge Köpfe"

Von Säuren und Basen bis

zur chemischen Polarität

Joel Levy

Librero

Titel der Originalausgabe: *The Bedside Book of Chemistry*

© 2017 Librero IBP
(für die deutschsprachige Ausgabe)
Postbus 72, 5330 AB Kerkdriel, Niederlande

© 2010 Quid Publishing

Layout von Lindsey Johns

Aus dem Englischen übersetzt von
iMport/eXport, Emden

Redaktion der deutschsprachigen Ausgabe
Jörg Meyer und Anika Seemann für
iMport/eXport, Emden

Satz und Koordination der deutschsprachigen Ausgabe
iMport/eXport, Emden

Printed in China

ISBN: 978-90-8998-833-1

MIX
Papier aus verantwor-
tungsvollen Quellen
FSC
www.fsc.org   FSC® C016973

INHALT

CHEMIE: EINE EINFÜHRUNG

Im engeren Sinne ist Chemie die Wissenschaft der Elemente und ihrer Verbindungen. Im weiteren Sinn dagegen ist es die Wissenschaft der Materie, aus der die Welt besteht. Dank Chemie können wir die Materie auf eine Weise verändern, die unsere Vorfahren als Magie bezeichnet hätten und die uns auch heute noch manchmal wie ein Wunder vorkommt.

Bei „Chemie" denken viele Leser an Reagenzgläser, Bunsenbrenner, weiße Laborkittel, seltsame Gerüche und die Möglichkeit einer Explosion. Aber wie dieses Buch zeigen wird, wird unsere flüchtige Bekanntschaft mit der Chemie während der Schulzeit dieser Wissenschaft kaum gerecht. Wir werden sehen, wie die Chemie die Menschheit veränderte. Sie stand an der Wiege der Zivilisation, faszinierte Magiker und inspirierte die größten Denker der Menschheit.

Beim Leser werden keinerlei Kenntnisse über Chemie vorausgesetzt, denn alles wird klar und einfach erläutert: von den einfachsten Grundkonzepten bis zu den schwierigsten Gesetzen der Materie. Auf dieser abenteuerlichen Reise treffen Sie auf merkwürdige und geradezu unglaubliche Menschen und faszinierende Tatsachen. Sie reichen von der Frage, warum Brot, Reis und Eis schwimmen bis hin zur Lösung der Frage, wie eine Eidechse über Wasser gehen kann…

Atome, Elemente, Moleküle und Verbindungen

Zunächst müssen wir jedoch einige Basisbegriffe und Basiskonzepte klären. Chemiker verwenden häufig zwei Begriffspaare: „Atome" und „Moleküle", sowie „Elemente" und „Verbindungen". Ein Atom ist die kleinste Einheit eines Stoffes, ein Molekül besteht aus zwei oder mehr Atomen, die chemisch miteinander verbunden sind. Ein Element ist die reinste Form von Materie. Ein Element ist nicht teilbar, wir kennen heute 118 davon. Alle Stoffe, die keine reinen Elemente sind, bestehen aus Kombinationen von Elementen. Eine derartige Kombination wird eine Verbindung genannt. Jedes Element besteht aus Atomen die untereinander weitgehend identisch sind, (z.B. ist jedes Atom Kohlenstoff identisch mit jedem anderen Atom Kohlenstoff). Die Atome können sich jedoch im Aufbau des Atomkerns geringfügig unterscheiden. Bei manchen Elementen fügen sich die Atome

„Die Chemie [...] ist eines der besten Mittel, um eine höhere geistige Entwicklung zu erreichen [...] da sie Einsichten in die Wunder der Schöpfung ermöglicht, die uns überall umringen." *Justus von Liebig*

zu kleinen Molekülen zusammen. So ist reiner Sauerstoff ein Gas, das aus Molekülen mit je zwei Sauerstoffatomen besteht.

Verbindungen und die Moleküle, aus denen sie bestehen, sind das Ergebnis chemischer Reaktionen. Dabei reagieren Atome und Moleküle miteinander und fügen sich zu neuen Kombinationen zusammen. Reagieren zum Beispiel Kohlenstoffatome und Sauerstoffmoleküle untereinander, so bilden sich Kohlendioxidmoleküle. Alle diese Begriffe werden später genauer erläutert (für „Atome" siehe S. 26-27, für „Elemente" S. 22-23, für „chemische Verbindungen" S. 78-79, für „chemische Reaktionen" S. 40-41).

Die Suche nach dem Stein der Weisen

Unser chemisches Wissen wächst in rasantem Tempo. Heute sind mehr als 8 Millionen natürliche und synthetische chemische Stoffe bekannt und beschrieben. 1965 waren das erst 500.000 – und auch diese Zahl übertraf schon die kühnsten Träume der Chemiker vor 200 Jahren! Im Interesse der Übersichtlichkeit behandelt dieses Buch überwiegend die anorganische Chemie, also den Bereich der Chemie, der sich mit allen Elementen, außer Kohlenstoff und dessen Verbindungen, beschäftigt. Einige einfache Kohlenstoffverbindungen wie Kohlenstoffdioxid und Calciumcarbonat (Kreide oder Kalkstein) gehören allerdings auch zur anorganischen Chemie.

Historisch betrachtet haben sich die Chemiker vor allem mit anorganischer Chemie befasst und hier Geschichte geschrieben. Und was für eine Geschichte! Die Entwicklung der Chemie ist eines der größten Abenteuer der Ideengeschichte: voller Obsessionen, Habgier, Gefahr, Hoffnung und Inspiration…

Dieses Buch behandelt jedes wichtige Thema aus der Geschichte der Chemie in einem eigenen Kapitel. Zunächst folgen wir bei der Jahrtausende langen Suche nach den Geheimnissen der Materie, den ersten Schritten des vorgeschichtlichen Menschen, der mit Feuer und Kochen seine Umwelt chemisch zu verändern lernte. Im nächsten Kapitel folgt die Entwicklung der Alchemie, dieser Mischung aus Magie und Wissenschaft auf der Suche nach dem Stein der Weisen und dem Lebenselixier. Danach verfolgen wir die Entstehung der modernen Naturwissenschaft und die Erforschung der Elemente. Mit der Entdeckung des Periodensystems der Elemente, dem Schlüssel zur Chemie, erreichen wir den Höhepunkt dieser Entwicklung. Unser Buch endet mit der Erfüllung eines jahrhundertealten Traums: der Transmutation der Elemente.

Auf jeder Etappe dieser Reise werden neue Grundbegriffe der Chemie eingeführt und in leicht verständlicher Weise erläutert, mit möglichst wenig Mathematik und Formelsprache. Dabei helfen Ihnen Übungen, die chemischen Prinzipien Schritt für Schritt zu verstehen, so dass Sie selbst die Geheimsprache der Elemente entziffern und im Buch der Natur lesen können!

1

Chemie in Vorgeschichte und Altertum

Dieses Kapitel zeigt die Rolle der Chemie im Leben des Menschen von der Vorgeschichte bis zum Altertum, führt einige Grundkonzepte zu Materie und Energie ein und zeigt nicht zuletzt, wie man ein gutes Toastbrot röstet! Obwohl sich die moderne Wissenschaft erst in jüngerer Zeit, also lange nach der Vorgeschichte und dem Altertum entwickelte, wurden bereits damals große technische Fortschritte gemacht, die zu überraschend avancierten chemischen Verfahren führten.

DIE CHEMIE IN DER VORGESCHICHTE

Chemie erscheint uns als eine typisch moderne Wissenschaft. Im Zeitalter der Aufklärung galt die Chemie sogar als die Wissenschaft schlechthin. Aber die Nutzung der Chemie im breiten Sinn ist so alt wie die menschliche Zivilisation selbst. Wie wir sehen werden, konnte sich der Mensch erst mit der Nutzung chemischer Prozesse zum modernen Menschen entwickeln. Bereits in der Vorgeschichte nutzten die allerersten „Chemiker" also Grundprinzipien der Chemie.

Feuer und Flamme

Ein Umschlagpunkt in der Evolution des Menschen war der Moment, an dem unsere fernen Vorfahren ihren Lebensraum unter Nutzung von Verbrennungsvorgängen zu verändern begannen. Verbrennung ist die Oxydation von Kohlenstoff, also die Bindung von Kohlenstoff an Sauerstoff in einer exothermen chemischen Reaktion (einer Reaktion, die Energie in Form von Licht und Wärme abgibt) – mit anderen Worten: Feuer! Eine spontane Verbrennung von Kohlenstoff kommt nur sehr selten vor, da die Reaktion eine sogenannte Aktivierungsenergie benötigt (s. S. 46-47).

Es gibt Anzeichen dafür, dass bereits *Homo erectus* – ein Vorfahre des modernen Menschen (*Homo sapiens*) – sich das Feuer zum Roden der Vegetation in seinem Lebensgebiet und wahrscheinlich auch bei der Jagd zu Nutze machte. Vielleicht nutzten unsere Vorfahren dabei Wildfeuer, die durch Blitzschlag entstanden waren. Zur Zeit der Entwicklung des *Homo sapiens* – wenn nicht schon früher – hatte man aber bereits gelernt, die zum Feuermachen erforderliche Aktivierungsenergie zu erzeugen: Man konnte Funken aus Feuersteinen schlagen oder rieb Holzstöcke aneinander.

Diese Entdeckung ermöglichte eine ganze Reihe weiterer Entwicklungen. Der erste und für die Entwicklung des Menschen wichtigste Schritt war die Nutzung der chemischen Prozesse, die beim Kochen auftreten (s. S. 14-15). Dank dem Kochen waren jetzt viel mehr Naturprodukte essbar, und diese neue

DIE ZEITALTER DER METALLE

Die Chemie des Feuers ermöglichte die Metallbearbeitung (Metallurgie) und damit die Entstehung prähistorischer Zivilisationen in der Stein-, Kupfer-, Bronze- und Eisenzeit. Die Reihenfolge dieser Zeitalter ergibt sich aus den chemischen Eigenschaften der Metalle, denn erst seit der Bronzezeit konnte man Metalle durch Verflüssigen gewinnen und besser bearbeiten.

Ob ein Metall in reiner Form in der Natur vorkommt, hängt von seiner Reaktionsbereitschaft mit Sauerstoff und anderen Elementen ab. Je geringer diese Bereitschaft, desto häufiger kommt das Element in reiner Form vor. Reine Metalle sind relativ einfach zu finden, zu bestimmen, zu gewinnen und zu verarbeiten. Gold ist am wenigsten reaktiv und wurde wahrscheinlich am frühesten bearbeitet, war jedoch wegen seiner Weichheit nur als Schmuck brauchbar. Auch Kupfer kommt in reiner Form vor. Es wurde zunächst ohne Erhitzen bearbeitet. Erst mit Hilfe des Feuers konnten Metalle aus dem Erzgestein geschmolzen und gegossen werden. Manchmal kommen Kupfer- und Zinnerze gemeinsam vor, und wenn man sie schmilzt entsteht eine Legierung (Metallmischung): Bronze. Eisenerz kommt zwar viel häufiger vor als Kupfer und Zinn, hat aber einen viel höheren Schmelzpunkt als die anderen Metalle und war deshalb – ohne Schmelzöfen – nur schwer zu bearbeiten. Um 1100 v. Chr. wurde entdeckt, dass durch erneutes Erhitzen von Eisen mit zugesetzter Holzkohle (Kohlenstoff) der viel stärkere und schärfere Stahl entstand (Schwerter).

Ernährungsweise lieferte den Menschen viel mehr Eiweiß und mehr Kalorien.

Feuertechnik

Die Kontrolle über das Feuer ermöglichte die Nutzung vieler anderer chemischer Prozesse. Zu den ersten dieser Prozesse gehört die Bearbeitung des Pigments Ocker. Ocker ist der Name eines gelb-braunen Lehms, der das Eisenerz Hämatit enthält. Diese Eisenverbindung ist als hydratiertes Eisen (III)-Oxid unter der chemischen Formel Fe^2O^3 bekannt (s. S. 136-137). Schon die Menschen der Prähistorie entdeckten, dass beim Erhitzen von Ocker (auf 260–280°C) eine chemische Reaktion einsetzt, die später als Kalzinierung bezeichnet wurde. Dabei entstehen viele Farben, vor allem ein auffälliger roter Farbton. Laut dem Paläoanthropologen Richard Rudgley wurde zuerst der Ocker, danach andere Materialien, wie Feuerstein und Lehm, bearbeitet. Durch Erhitzen verändert sich die Kristallstruktur des Feuersteins, so dass die Ränder schärfer werden und man bessere Werkzeuge daraus herstellen kann. Mit dem Brennen von Lehm war das Töpferhandwerk geboren.

Theodore Wertime, eine Expertin auf dem Gebiet der alten Feuertechnik, sieht den prähistorischen Menschen schon als fortgeschrittenen Chemiker: „Die Menschen der Steinzeit nutzten das Feuer seit mindestens 25.000 Jahren auf vielerlei Gebieten [...] dazu gehörten das Härten hölzerner Speerspitzen, die Oxidation von Pigmenten wie Ocker, das Härten der Spitzen von Wurfsteinen, das Feuersetzen zum Absprengen von Gestein in Bergwerken bis hin zum Kochherd."

Die alkoholische Gärung

DIE AUFGABE:

Das Brauverfahren zur Erzeugung alkoholischer Getränke durch die Gärung von Obst und Getreide wurde vor mehr als 5000 Jahren entwickelt. Die Herstellung von Ethanol (Ethylalkohol) durch Gärung von Zucker für Getränke, als Lösungsmittel oder als Brennstoff ist heute ein wichtiges industrielles Verfahren. Wie können wir feststellen, wie viel Ethanol beim Gärungsprozess aus einem Kilo reiner Glukose (auch Dextrose genannt) gewonnen werden kann?

DIE METHODE:

Ethanol wird durch Gärung einfacher Zuckersorten wie Glukose, Fruktose und Saccharose hergestellt. Gärung ist ein zum größten Teil anaerober biologischer Prozess (was bedeutet, dass er ohne Sauerstoff stattfindet), wobei die Zuckersorten in Anwesenheit von Mikroben der Hefe (*Saccharomyces cerevisiae*) durch eine Reihe chemischer Reaktionen in Ethanol umgewandelt werden.

Die vereinfachte Reaktionsgleichung für die Gärung des Zuckers Glukose lautet:

$$C_6 H_{12} O_6 \longrightarrow 2\ CH_3\ CH_2\ OH\ +\ 2\ CO_2$$

Glukose   Ethanol   Kohlenstoffdioxid

Aus der Gleichung ergibt sich, dass 1 Molekül Glukose in 2 Moleküle Ethanol und 2 Moleküle Kohlensäuregas umgewandelt wird.

Um die Aufgabe zu lösen, müssen wir zunächst die relative Molekülmasse (M_r) der Moleküle berechnen. Dazu müssen wir das Atomgewicht (A_r) der Atome in jedem Molekül wissen: Kohlenstoff ($C = 12$), Wasserstoff ($H = 1$) und Sauerstoff ($O = 16$). (S. Übung 7 auf S. 62 für weitere Informationen zur Berechnung des Atomgewichtes von Elementen). Haben wir die relative Molekülmasse für jedes Molekül berechnet und in die Formel auf S. 12 eingegeben, können wir errechnen, wie viel Ethanol bei der Gärung von 1 Kilo Glukose entsteht.

DIE LÖSUNG:

Glukose ($C_6 H_{12} O_6$) enthält 6 Kohlenstoff-, 12 Wasserstoff- und 6 Sauerstoffatome. Die relative Molekülmasse von Glukose beträgt $(6 \times 12) + (12 \times 1) + (6 \times 16) = 180$. Bei Ethanol ($CH_3 CH_2 OH$) oder dem oft verwendeten (C_2H_5OH) beträgt es $(2 \times 12) + (5 \times 1) + (1 \times 16) + (1 \times 1) = 46$. Bei Kohlenstoffdioxid (CO^2) $= (1 \times 12) + (2 \times 16) = 44$. Wenn wir in die Gleichung auf S. 12 die relative Molekülmasse für jedes Molekül eingeben, können wir folgende Berechnung durchführen:

$$C_6 H_{12} O_6 \longrightarrow 2\, CH_3\, CH_2\, OH \quad + \quad 2\, CO_2$$
$$(180) \qquad (2 \times 46 = 92) \;+\; (2 \times 44 = 88)$$

Dies bedeutet, dass 180 Gramm Glukose 92 Gramm Ethanol und 88 Gramm Kohlenstoffdioxid bringen. Umgerechnet würden 100 Gramm Glukose 100 x (92 / 180) Gramm Ethanol bringen, bei 1000 Gramm (1 Kilo) Glukose wären dies 1000 x (92 / 180) Gramm Ethanol = 511,1 Gramm. Der theoretische Ertrag bei der Gärung von 1 Kilo reiner Glukose wäre also 511,1 Gramm. Dies ist ein theoretischer Ertrag, denn ein Gärungsertrag von 100% ist in der Praxis unmöglich. Denn bei ca. 15% Alkoholgehalt sterben die Enzyme der Hefepilze an „Alkoholvergiftung“. Nach der Gärung wird der Ethanol (als wässriger Alkohol) durch Filtrieren von der Hefe getrennt. Kommerzieller Ethanol (95%) wird durch fraktionierte Destillation gewonnen. Aus wirtschaftlichen Gründen wird für die Gärung Saccharose verwendet.

DIE CHEMIE DES KOCHENS

Wer kocht, ist ein Chemiker im Labor seiner Küche, denn Kochen ist Chemie. Beim Kochen erzeugen wir durch Erhitzung chemische Reaktionen zwischen Nahrungsmittelmolekülen, die anschließend in andere Moleküle umgesetzt werden. Durch diesen Prozess erhält das gekochte Gericht neue Eigenschaften, wobei sich Geschmack, Geruch, Farbe, Konsistenz und Nährwert verändern.

Die Hitze beim Kochen verändert die chemische Zusammensetzung der Nahrung, wobei komplexere Moleküle in kleinere zerlegt werden. Einige dieser Veränderungen sind für den menschlichen Verzehr von großer Bedeutung, weil sie die Nahrungsstoffe besser verdaulich machen. So werden zähe Eiweißstoffe im Fleisch in leichter verdauliche Formen zerlegt. Erhitzung fördert auch das Auftreten von Reaktionen zwischen Nahrungsstoffen wie die Maillard-Reaktion und die Karamelisierung.

Die Maillard-Reaktion

Eine der wichtigsten chemischen Reaktionen beim Kochen entdeckte der französische Chemiker Louis Camille Maillard (1878-1936) im Jahre 1912. Bei ausreichend starker Hitze reagieren zwei vitale Nahrungsbestandteile – Eiweiß und Kohlenhydrate – untereinander und bilden eine Reihe neuer Moleküle, die Geschmack, Geruch und Farbe beeinflussen.

Eine weitere Reaktion zwischen Nahrungsbestandteilen, die nur bei Erhitzung auftritt, ist die Karamellisierung. Dabei werden dem Zucker Wassermoleküle entzogen, die sich in neue Formen von Zucker verwandeln. Sie bilden damit andere Moleküle, die für den typischen Geschmack, Farbe und Geruch sorgen. Gemeinsam erzeugen die Maillard-Reaktion und die Karamellisierung den typischen Geschmack, Geruch und die Farbe von frisch gebackenem Brot, gebratenem Fleisch, geröstetem Kaffee und Puffmais.

Warum lieben wir Menschen diese Gerüche, den Geschmack und die

Farben? Auch hier gibt die Chemie Antwort. Die chemischen Stoffe, die beim Kochen freigesetzt werden, enthalten viele Geruchsmoleküle, die denen reifer Früchte ähneln. Sie sind eine Quelle energiereichen Zuckers, der ein wichtiger Teil der Nahrung unserer affenähnlichen Vorfahren war. Der Ernährungswissenschaftler Harold McGee meint dazu: „Früchte waren für unsere evolutionären Vorfahren wahrscheinlich eine erfrischende Abwechslung von ihrer ansonsten faden und langweiligen Ernährung […]. Womöglich wurde gekochtes Essen gerade deswegen so besonders geschätzt, weil es dem Essen einen vollen, fruchtigen Geschmack gab."

Hefe im Altertum

Nicht alle Kochkünste brauchen Feuer. Auch das Kneten bei der Brotherstellung ist ein Beispiel für die Veränderung der chemischen Zusammensetzung von Nahrungsmitteln. Beim Kneten werden die Eiweißstoffe im Teig – zum Beispiel Gluten – zu langen, elastischen Ketten verknüpft. Damit halten sie die von der Hefe gebildeten Gase fest und lassen den Teig „gehen". Hefe besteht aus schimmelähnlichen Mikroorganismen, die Zucker in Ethanol verwandeln, einem Typ Alkohol. Bei diesem Gärungsprozess wird Kohlenstoffdioxid freigesetzt. Beim Backen ist der entstehende Alkohol ein Nebenprodukt, das beim Erhitzen zum größten Teil verdampft, bei der Gärung als Grundlage des Bierbrauens bleibt der Alkohol jedoch erhalten.

Hefe wurde wahrscheinlich schon in der Vorgeschichte verwendet. Der

DER KOCHENDE AFFE

Die Chemie des Kochens hat die menschliche Evolution gefördert, so der Primatologe Richard Wrangham (Harvard University). Durch Kochen werden Mahlzeiten leichter verdaulich, es kommen mehr Kalorien frei und es steht eine größere Varietät an Nahrungsmitteln zur Verfügung. Gekochtes Essen – vor allem Fleisch – muss weniger gekaut werden und die Verdauung verbraucht weniger Energie. Damit ermöglichte das Kochen die Entstehung eines größeren Gehirns mit hohem Energiebedarf. Zugleich sparte man Zeit, die für Kultur, Gemeinschaft und Technik genutzt werden konnte. Als Folge des Kochens entwickelten sich bei Homo erectus ein kleinerer Kiefer, ein kürzerer Darmkanal und ein größerer Schädel mit einem größeren Gehirn. „Das Kochen ermöglicht eine Ernährungsweise, die den Menschen erst eigentlich zum Menschen machte und ist die logische Erklärung für das größere Wachstum von Gehirn und Körper von Menschen gegenüber den Menschenaffen," so Wrangham. „Ohne die Ernährungsvorteile durch das Kochen ist der Sprung zum Homo erectus nur schwer vorstellbar."

Brauvorgang wurde zum ersten Mal im alten Mesopotamien beschrieben (ca. 4000 v. Chr.) und auch im vordynastischen Ägypten wurde bereits Bier gebraut. Damit ist das Brauen eines der frühesten Beispiele der industriellen Nutzung chemischer Prozesse.

MUMIEN, MEDIKAMENTE UND MAKE-UP

Das Wort „Chemie" führt zurück ins alte Ägypten, die Zivilisation im Niltal, die um 3100 v. Chr. entstand. Die Ägypter waren nicht nur ausgezeichnete Architekten und Künstler, sondern auch begabte Chemiker. Sie verwendeten eine große Palette an Chemikalien und verstanden es, diese immer mehr zu verfeinern und zu kombinieren.

Die Welt der alten Ägypter war voller lebendiger Farben. Sie wurden aus Pigmenten und Farbstoffen hergestellt und in Malerei, Stoffen, Make-up und Glas verwendet. Die Ägypter erweiterten die prähistorische Farbpalette von Ocker und anderen Eisenoxiden mit Pigmenten aus Kobalt, Blei und Kupfer und verwendeten damit mehr Elemente als jemals zuvor. Blei zum Beispiel wurde aus Galenit gewonnen, einem Erzbleisulfit (PbS), das im Gebel Rasas (Bleiberg) gefunden wurde, ein paar Kilometer von der Küste des Roten Meeres entfernt. Dort fand man auch Quecksilber und Silber. Die ägyptischen Gelehrten entwickelten ein komplexes System aus traditionellem Wissen und mystischem Glauben, in dem Gold mit der Sonne, Eisen mit dem Planeten Mars, Kupfer mit der Venus und Blei mit dem Saturn in Verbindung gebracht wurde. Zwar war es noch ein weiter Weg bis zu unserer modernen Wissenschaft, aber dieses System war kohärent und in gewissem Sinne rational. Deshalb kann man darin einen ersten Anfang der Chemie sehen.

DER URSPRUNG DES WORTES „CHEMIE"

Das Wort Chemie stammt von „Alchemie", (s. S. 36-37) der westeuropäischen Aussprache des arabischen Begriffs *al-kimja*. Der Ursprung des Basiswortes *kimja* wird in verschiedenen Quellen unterschiedlich erklärt. Der römische Philosoph Plinius der Ältere meinte, das Wort stamme vom altägyptischen *kemi* (schwarz) und beziehe sich sowohl auf den schwarzen Schlamm des Nils, die Urmaterie in der ägyptischen Kosmologie, als auch auf den Namen „Ägypten" und somit die ägyptische Kunst. Andere Quellen behaupten, die Alchemie sei aus dem griechischen Wort *khmeia* abgeleitet worden, das „Zusammengießen" bedeutet und auf die Verschmelzung der geschmolzenen Metalle verweist.

Ägyptisches Blau und Purpur

Silizium ist nach Sauerstoff das häufigste Element in der Erdkruste und wurde von den Ägyptern auf vielerlei Weise verwendet. Bereits in der 18. Dynastie (16. Jahrhundert v. Chr.) erzeugten die Schmelzöfen der Ägypter so hohe Temperaturen, dass man darin Silizium schmelzen und zu Glas verarbeiten konnte! Später gelang es ihnen, den Brechungsindex durch den Zusatz von Blei zu erhöhen, so dass das Glas glitzerte. Außer Glas stellten sie Fayence her, ein keramisches Produkt, das aus einer Paste aus feingemahlenem Quarz (Siliziumoxid in Kristallform) oder Sand besteht. Dieser Paste wurden kleine Mengen Kalk (Calciumcarbonat) und Natron sowie eine natürlich vorkommende Mischung aus Natriumcarbonat, Natriumbicarbonat und Salz zugesetzt, das in der ägyptischen Chemie als eine Art Geheimmittel galt. Natron senkt den Schmelzpunkt, denn seine positiv geladenen Ionen bauen das Gitter der Siliziumatome ab. Die Fayence wurde mit Kupferpigment glasiert und es entstand eine klare blaugrüne Farbe– ein künstlicher Ersatz für den seltenen und teuren Lapislazuli.

Aus Natron und Silizium schufen die Ägypter eine völlig neue Farbe: Ägyptisch Blau. Dieses künstliche Pigment entstand durch Erhitzen einer Mischung aus Sand, Natron und Kupferfeilstaub auf 850 °C. Bei dieser Temperatur schmelzen diese Stoffe und es entsteht eine neue Verbindung aus Kupfersilikat und Calcium. Aus dem Mittelmeerraum importierten die Ägypter Purpur, einen rotvioletten Farbstoff, der aus einer Schneckenart gewonnen wurde. Bereits um 2650 v. Chr. wurden auch Kupfercarbonat, Kalkstein und Holzkohle als Pigmente verwendet.

Heilen, Töten und Konservieren

Die pharmazeutische Verwendung von Chemikalien ist vermutlich älter als die Menschheit, denn es gibt Beweise dafür, dass schon Affen heilkräftige Pflanzen essen. Die medizinische Chemie erreichte unter den Ägyptern einen ersten Höhepunkt, viele der von ihnen verwendeten Chemikalien wurden bis ins 19. Jahrhundert in medizinischen Handbüchern genannt! Aus dem Papyrus Ebers, einem der ältesten medizinischen Traktate der Welt (er entstand 1534 v. Chr., basiert aber auf viel älteren Quellen) lässt sich nachweisen, dass die alten Ägypter Arzneimittel mit Blei und Antimon wie zum Beispiel Antimonsulfid (Stibnit) gegen Fieber und Hauterkrankungen verwendeten. Auch kannten sie zahlreiche Pflanzenextrakte wie Opium und Eisenhut (Akonitum). Und wenn gar nichts mehr half, waren die Ägypter immer noch Meister in der Chemie der Mumifizierung. Dabei nutzten sie die wasserabsorbierenden Eigenschaften von Natron, um den Leichnam zu trocknen und zu desinfizieren. Natriumcarbonate sind alkalische Stoffe (s. S. 70-71), die den pH-Wert des behandelten Fleisches erhöhen und das Wachstum von Bakterien hemmen. Die getrockneten Körper wurden mit Pech und Teer (wie Bitumen) behandelt und damit versiegelt und konserviert. So blieben sie mehr als 3000 Jahre erhalten.

Den Bleigehalt ermitteln

DIE AUFGABE:

Bekanntlich verwendeten Königin Nefertiti und andere
altägyptische Adlige Bleipulver in ihren Kosmetika, vor allem
als Ingredienz für schwarzen Lidschatten (Kohlenschwarz).
Heute ist Blei als Zusatzstoff verboten, denn es ist hochgiftig.
Alle Kosmetika werden heute auf Giftstoffe untersucht, also
auch auf Blei. Wie können wir den Bleigehalt der
altägyptischen Kosmetika ermitteln?

DIE METHODE:

Eine chemische Analyse der Kosmetika
aus altägyptischen Grabkammern und die
erneute Zubereitung dieser Mittel im Test
haben ergeben, dass die alten Ägypter
zwei nicht natürlich vorkommende
Bleichloride, nämlich Laurionit (Pb [OH]
Cl) und Phosgenit ($Pb_2 Cl_2 CO_3$),
synthetisch hergestellt und als feine
Puder in Make-up und Augenlotion
verwendet haben. Laut altägyptischen
Manuskripten waren Laurionit und
Phosgenit wichtige Heilmittel bei der
Behandlung von Augen- und Hautkrank-
heiten. Wie bei Übung 1 können wir mit
dem Atomgewicht (Ar) für Kohlenstoff
(C = 12), Wasserstoff (H = 1), Sauerstoff
(O = 16), Chlor (Cl = 35,5) und Blei
(Pb = 207) die relative Molekularmasse
(Mr) von Laurionit und Fosgenit
berechnen. Damit können wir den
prozentualen Bleianteil (Pb) in beiden
Stoffen berechnen.

Laurionit (Pb [OH] Cl) enthält 1 x Pb,
1 x H, 1 x O und 1 x Cl Atome. Die relative
Molekularmasse von Laurionit beträgt:

$$(1 \times 207) + (1 \times 1) + (1 \times 16) + (1 \times 35,5)$$
$$\quad\;\; Pb \qquad\;\; H \qquad\;\;\; O \qquad\;\;\;\; Cl$$

$$= 259,5$$

Phosgenit ($Pb_2 Cl_2 CO_3$) enthält
2 x Pb, 2 x Cl, 1 x C und 3 x O Atome.
Die Molekularmasse ist dann:

$$(2 \times 207) + (2 \times 35{,}5) + (1 \times 12) + (3 \times 16)$$
$$\text{Pb} \qquad \text{Cl} \qquad \text{C} \qquad \text{O}$$

$$= 545$$

DIE LÖSUNG:

Zur Ermittlung des Bleigehaltes in
Laurionit teilen wir das Atomgewicht
des Bleiatoms einfach durch die
Molekularmasse von Laurionit:

$$(207 / 259{,}5) \times 100 = 79{,}77\% \text{ Pb}$$

Auf dieselbe Weise können wir den
Prozentsatz Blei in Phosgenit berechnen:

$$[(2 \times 207) / 545] \times 100$$

$$(414 / 545) \times 100 = 75{,}96\% \text{ Pb}$$

Laurionit und Phosgenit enthalten also
jeweils 79,77% Pb und 75,96% Pb.
Bleiverbindungen, die über die Haut
aufgenommen werden sind sehr giftig,
denn sie reagieren mit Magensäure und
bilden lösliche Pb^{4+}-Ionen. Damit sind
diese ägyptischen Kosmetika völlig
ungeeignet für den heutigen Markt!

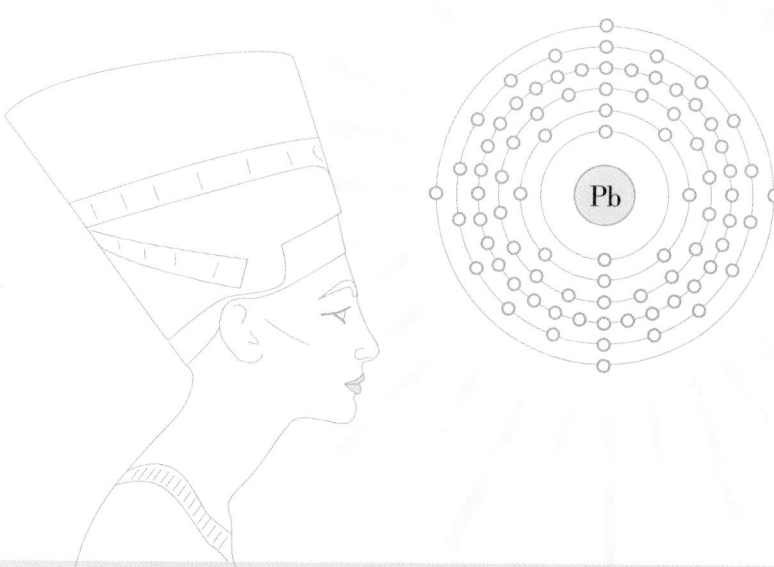

MATERIE UND ENERGIE

Zunächst ein paar Grundbegriffe und Fachausdrücke: Chemie ist die Wissenschaft von der Materie (also ihrer Zusammensetzung und ihrer Transformationen). Ihre fundamentalen Begriffe beschreiben also die Materie. Für chemische Transformationen ist Energie erforderlich, deshalb bilden die Konzepte zur Energie die zweite Säule der Chemie.

Die Aggregatzustände

Als Materie bezeichnen wir den Teil des Weltalls, der Masse hat und Raum einnimmt. Sie ist das Material, aus dem die physische Welt besteht, also das, was wir sehen und fühlen können. Materie kann drei Formen annehmen, die als Phasen oder Aggregatzustände bezeichnet werden: fest, flüssig oder gasförmig.

Ein fester Stoff hat eine bestimmte Form und ein bestimmtes Volumen, denn die Teilchen aus denen er besteht – gleichgültig ob es sich um Atome oder Moleküle handelt – werden durch starke Bindungen (kovalent oder ionisch; s. S. 78–79) zusammengehalten und bilden eine relativ harte, unbewegliche Struktur. Manchmal besteht die Struktur aus einer sich wiederholenden Reihe gleicher Muster, die man Kristallgitter nennt. Feste Stoffe mit einem Kristallgitter sind unter anderem Eis, Speisesalz, Kristalle, Zucker und Quarz. Die Teilchen in einem festen Stoff sind nicht völlig bewegungslos, sie schwingen an Ort und Stelle (aber

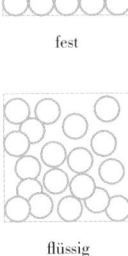

fest

flüssig

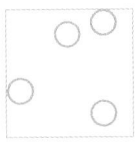

gasförmig

nicht im Verhältnis zueinander). Wird ein fester Stoff auf seinen Schmelzpunkt erhitzt, wird er flüssig. In dieser Phase hat die Materie keine feste Form mehr, aber immer noch ein bestimmtes Volumen. Die Flüssigkeit behält also immer eine bestimmte Masse. In einer Flüssigkeit sind die Bindungen bzw. Anziehungskräfte zwischen den Teilchen stärker als in einem Gas, aber viel schwächer als in einem festen Stoff, so dass sich die Teilchen rundherum bewegen können. Wird eine Flüssigkeit auf den Siedepunkt (oder Kochpunkt) erhitzt, so verändert sie sich erneut und es entsteht ein Gas. In einem Gas sind die Anziehungskräfte der Teilchen so schwach, dass sie sich frei bewegen können. Um das verfügbare Volumen auszufüllen muss das Gas sich also ausdehnen. Schmelzpunkt und Siedepunkt bezeichnen den Phasenübergang von fest zu flüssig und von flüssig zu gasförmig. Die umgekehrten Phasenübergänge sind unter dem Namen Gefrierpunkt (von flüssig

Auf S. 98/99 finden Sie weitere Informationen über die Beziehung zwischen der Wärme, Temperatur, und die Phasen der Materie.

zu fest) und Kondensationspunkt (von Gas zu Flüssigkeit) bekannt. Manche Stoffe gehen direkt von einer festen in die gasförmige Phase über, dies wird als Sublimation bezeichnet. Festes (gefrorenes) Kohlenstoffdioxid – auch Trockeneis genannt – ist ein Beispiel für einen sublimierenden Stoff. Der rauchartige Dampf, den Trockeneis abgibt, besteht jedoch nicht aus dem farblosen (unsichtbaren) gasförmigen Kohlenstoffdioxid, sondern aus Wasserdampf, der bei der Abkühlung der Luft durch das sublimierende Kohlenstoffdioxid entsteht.

Die Phasenübergänge werden von der Energiemenge ausgelöst, die die Teilchen besitzen. Bei hohem Energieniveau können sich die Teilchen aus den Bindungen in der festen Form lösen und in eine flüssige oder gasförmige Phase übergehen. Wenn ein Stoff sich abkühlt, ziehen die Teilchen sich wieder an.

Eigenschaften der Materie

Materie kann rein oder als Mischung verschiedener Stoffe auftreten. Bei einer Mischung sind verschiedene Stoffe miteinander vermischt, wie bei der Auflösung von Salz in Wasser. Ein reiner Stoff hat eine konstante Zusammensetzung, er kann aus einem Element oder einer Verbindung bestehen (s. S. 6). Chemiker studieren die chemischen Eigenschaften – wie Reaktivität, also mit

ENERGIE

Energie ist – wie Materie – einer der Grundbestandteile des Weltalls. Sie kann verschiedene Formen annehmen, für die Chemie sind aber vor allem die kinetische und die potentielle Energie von Bedeutung. Kinetische Energie ist die Bewegungsenergie von Teilchen, sie bestimmt die Geschwindigkeit und Kraft ihrer Bewegung und damit Eigenschaften wie Phase und Reaktivität. Potentielle Energie ist die in einem Stoff gespeicherte Energie, die in andere Energieformen umgewandelt werden kann. Für die Chemie ist vor allem die potentielle Energie in der Form chemischer Bindungen interessant. Das Aufbrechen dieser Bindungen kostet Energie, kann aber auch Energie freisetzen. Mit Ausnahme der Prozesse bei Kernreaktionen kann Energie nicht geschaffen oder vernichtet, sondern nur von einer Form in eine andere umgewandelt werden.

welchen anderen Stoffen der Stoff reagiert – und die physischen Eigenschaften – wie Masse, Größe, Volumen, Dichte, Leitfähigkeit etc. – reiner Stoffe. Die physischen Eigenschaften werden mit standardisierten Maßeinheiten beschrieben: Gramm, Meter und Liter. Für Bruchteile verwendet man Präfixe, wie „Centi-" für 1/100 und „Milli-" für 1/1000. Das Volumen wird in Kubikmeter, Centi- und Millimeter gemessen (m^3, cm^3, mm^3), oder in Liter oder Milliliter (L, ml) angegeben. Die Dichte ist die Masse geteilt durch das Volumen (meistens angegeben in g/ml).

DIE NATURPHILOSOPHIE IM ALTEN GRIECHENLAND

Im 5. Jahrhundert v. Chr. entstand in Griechenland ein neues Denken über die Natur. Ältere Kulturen wie die Ägypter oder Babylonier hatten auf den Gebieten der Medizin und der Metallbearbeitung zwar viel praktisches Wissen über Chemie gesammelt, aber nie den Versuch unternommen, die Natur systematisch zu erforschen. Dies änderte sich, als griechische Philosophen damit begannen, Theorien über die Zusammensetzung der Materie zu entwickeln.

Die ersten Elemente

In der Alten Welt verwendete man bereits Gold, Silber, Zinn, Blei, Kupfer, Eisen, Quecksilber, Antimon, Natrium, Calcium, Kohlenstoff, Schwefel und Arsen, aber diese Stoffe wurden nicht als Elemente erkannt. Vor der Entstehung der griechischen Philosophie versuchte man auch nicht, die Unterschiede zwischen diesen und anderen Formen der Materie zu analysieren und zu erklären.

Einer der ersten, der aufgrund von Beobachtungen und Beweisen fundamentale Fragen über den Aufbau der Materie stellte und beantwortete, war der legendäre Naturphilosoph Thales von Milet (ca. 625–547 v. Chr.), der in einem griechischen Stadtstaat auf dem Gebiet der

- ## DIE BAGDAD-BATTERIE

Bei Ausgrabungen in der Umgebung Bagdads wurde 1936 ein Krug aus der Zeit von ca. 200 v. Chr. entdeckt. Er enthielt einen Kupferzylinder, in dem eine Eisenstange steckte. Beide wurden von einem Stopfen aus Asphalt im Deckel an ihrer Stelle gehalten. Schnell kursierte die Theorie, es handle sich bei diesem Fund um eine Art Batterie zum

Plattieren (vergolden/versilbern). Hierbei wird eine dünne Metallschicht wie Gold oder Silber auf ein anderes Metall aufgetragen. Diese „Batterie aus Bagdad" galt als Beispiel für anachronistische Technik: sie bewies angeblich, dass die alten Kulturen über fortgeschrittene elektrochemische Kenntnisse verfügten. Die „Batterien",

von denen inzwischen mehr als ein Dutzend gefunden wurden, waren aber höchstwahrscheinlich keine Batterien in unserem Sinne, denn ihnen fehlen wichtige Bestandteile einer funktionsfähigen Batterie. Heute neigt man eher zu der Ansicht, dass es sich um Krüge zur Aufbewahrung von Papyrusrollen oder Bronze aus der Sassanidischen Zeit handelt (224–640 n.Chr.).

heutigen Türkei lebte. Thales gilt als erster, der die Ursachen der Naturerscheinungen nicht bei den Göttern vermutete, sondern nach naturalistischen Erklärungen suchte. Er betrachtete Wasser als das Urelement, aus dem alle andere Materie besteht.

Nachfolger von Thales war sein Schüler Anaximenes (er forschte und lehrte ca. 546–526 v. Chr.). Nach Anaximenes war die Luft das Urelement, das sich durch Kondensation oder Verdünnung in Erde, Feuer, Wasser und alle anderen Formen der Materie verwandelte.

Als Reaktion auf diese Lehre behauptete Heraklit van Ephesos (ca. 520–460 v. Chr.), dass in der Natur „alles fließt", und dass dieser ständige Wandel das Wesen der Dinge sei. Das Urelement selber konnte nicht stofflich und veränderlich sein, also blieb nur das Feuer übrig.

Empedokles (ca. 492–432 v. Chr.) lehrte, es gebe vier Grundformen der Materie: Erde, Luft, Wasser und Feuer. Aristoteles übernahm dieses Modell und es wurde als Teil seiner Lehre mehr als 2000 Jahre lang weitergegeben. In gewisser Hinsicht finden sich Analogien zwischen den vier „Elementen" mit dem heutigen Modell des Weltalls: die ersten drei Elemente entsprechen den Fasen der Materie (Erde = fest; Wasser = flüssig; Luft = Gas), das Feuer entspricht der Energie.

HERONS AEOLIPILE

Der griechische Naturphilosoph Heron von Alexandrien (62–152 v. Chr.) gilt als Erfinder der pneumatischen Chemie (Lehre von den Gasen, s. S. 64–65). Mit seinen genialen Erfindungen war er seiner Zeit um mehr als anderthalb Jahrtausende voraus. Er zeigte, dass die Luft ein Stoff ist (Gas), experimentierte mit dem Komprimieren von Luft und entwickelte eine Theorie des Vakuums. Berühmt wurde er vor allem mit seiner Aeolipile (auch Heronsball genannt). Bei der Konstruktion dieses Apparats setzte er seine Kenntnisse des Fasenübergangs von Wasser zu Dampf in die Praxis um. Die Aeolipile bestand aus einem Kessel mit kochendem Wasser, über dem eine Kugel mit zwei Öffnungen auf einer Achse angebracht war. Der Wasserdampf wurde über die hohle Achse in die Kugel geleitet, entwich aus den Öffnungen und setzte damit die Kugel in Bewegung. De facto baute Heron mit der Aeolipile die erste Dampfmaschine, eine Technologie, die zu Beginn der Industriellen Revolution die Welt verändern sollte. Eine der großen Fragen der Wissenschaftsgeschichte lautet deshalb, warum Herons Erfindung damals keine vergleichbare Revolution auslöste. Als Antwort wird oft der massenhafte Einsatz von Sklaven genannt, die Arbeit sparende Maschinen überflüssig machten.

• Darstellung der Aeolipile: das Feuer erhitzt das Wasser im Kessel, so dass die Kugel über die auch als Achse funktionierende Röhren mit Dampf gefüllt und dadurch in Drehung versetzt wird.

DIE ATOMTHEORIE

Die moderne Chemie beruht auf der Atomtheorie, die erklärt, woraus Stoffe bestehen und wie und warum sie sich zu Molekülen verbinden. Die Atomtheorie in ihrer heutigen Form stammt aus dem 19. Jahrhundert, greift jedoch auf eine fast vergessene Tradition zurück: die der Atomisten aus dem alten Griechenland.

Atome und der leere Raum

Die Eleaten – eine der ältesten philosophischen Schulen der griechischen Antike – vertraten die Theorie, der leere Raum sei eine logische Unmöglichkeit. Somit existiere auch kein leerer Raum zwischen den Teilchen und die Existenz getrennter unteilbarer Teilchen (Atome) sei unmöglich. Dieses komplexe Argument führte zu völlig irrationalen Schlussfolge-rungen, unter anderem zu Behauptungen wie der, dass jegliche Veränderung unmöglich sei, dass nichts entstehen oder verschwinden könne und dass jede Bewegung unmöglich sei! Im Gegenzug lehrten der Philosoph Leukipp (5. Jahrhundert v. Chr.) und sein Schüler Demokrit (ca. 460–370 v. Chr.), dass es den leeren Raum (den wir heute Vakuum nennen) gibt und dass somit auch Teilchen existieren können.

Die kleinsten Teilchen des „Seins" erfüllen die Kriterien der Eleaten: Sie sind unveränderlich und unteilbar, ihr Name lautet „Atome" (vom griechischen Wort *atomos*, das „unteilbar" bedeutet). Anders ausgedrückt: Wenn man ein Stück Materie in immer kleinere Stücke schneiden würde, würde man unweigerlich auf die kleinstmögliche Einheit stoßen: ein Teilchen, das nicht weiter teilbar ist. Laut dieser „Atom-Theorie" sind Atome fest und so klein, dass sie unteilbar seien, aber sie kommen in allen möglichen Formen und Größen vor und können ihre Lage verändern. Andere Anordnungen und Kombinationen von Atomen ergeben andere Stoffe – nach Demokrit sogar andere Welten.

„unteilbar"

• Nachfolgende Generationen kennen Demokrit, den Verteidiger der Atomtheorie, vor allem als den „lachenden Philosophen".

„Die Grundelemente des Weltalls sind Atome und leerer Raum. Alles andere ist nur ein Hirngespinst. Die Welten sind unbegrenzt [...] alle zusammengesetzten Dinge ergeben sich aus [Atomen] – Feuer, Wasser, Luft, Erde." *Demokrit*

Der Atomismus im Schatten der Geschichte

Die Atomisten, wie Leukipp, Demokrit und deren spätere Anhänger genannt werden, scheinen das moderne Denken über Atome, Elemente und Kosmologie geradezu vorweggenommen zu haben. Aber seien wir vorsichtig: Ihr Modell war rein spekulativ und nicht wissenschaftlich begründet (s. S. 24–25). Es umfasste mystische oder metaphysische Ideen wie den Glauben, dass auch die menschliche Seele aus Atomen bestehe (vor allem aus schönen, runden Atomen!). Obwohl der Atomismus im alten Griechenland Anhänger hatte, wurde er von den einflussreichsten späteren griechischen Philosophen wie Plato und Aristoteles verworfen und erst zur Zeit der wissenschaftlichen Revolutionen im 17. und 18. Jahrhundert wieder entdeckt. Die Frage, ob Demokrits Einsichten über das Wesen der Materie die Entstehung und Entwicklung der Chemie als Wissenschaft gefördert hätten, lässt sich nicht beantworten, aber mit der Ablehnung des Atomismus – vor allem in der Lehre von Aristoteles Lehre – landete die Chemie 2000 Jahre lang in einer Sackgasse.

DER PHILOSOPH, DER VON EINEM BERG STÜRZTE UND ANDERE MERKWÜRDIGE STERBEFÄLLE

Obwohl seine Theorie nicht immer die Unterstützung fand, die sie eigentlich verdient hätte – als Demokrit nach Athen kam, klagte er, dass niemand ihn kenne – erreichte Demokrit ein hohes Alter. Vielicht verdankte er dies auch seiner Philosophie, die Frohsinn als Lebenszweck postulierte. Spätere Generationen bezeichneten ihn als den „lachenden Philosophen". Viele der hier genannten griechischen Philosophen hatten weniger Glück. Thales von Milet soll beim Studium der Sterne von einem Berg gestürzt sein. Sein Schüler Anaximenes wurde möglicherweise von einrückenden Persern umgebracht, aber das bizarrste Ende hatte wohl Heraklit: Dieser hungerte sich nach seinen philosophischen Grundsätzen beinahe zu Tode. Als sein Körper daraufhin durch Wassersucht anschwoll, kroch er – um die „bösen Säfte" aus seinem Körper zu ziehen – in einen Misthaufen und kam nie wieder heraus.

ATOME

Die Chemie betrachtet das Atom als Grundbaustein. Die Atomstruktur bestimmt die Eigenschaften und die chemische Zusammensetzung eines Stoffs. Diese Struktur besteht aus subatomaren Teilchen, denn – wie wir heute wissen – hatten Demokrit und die alten Atomisten unrecht: Atome sind teilbar; ihr Aufbau und ihre Funktion sind sogar hochkomplex.

Atome und Elemente

Das Atom ist das kleinste Teilchen, das noch als Element erkennbar ist. Das kleinste Goldteilchen, das immer noch Gold ist, ist demzufolge ein Gold-Atom. Wird ein Gold-Atom in seine Teile zerlegt, ist es kein Gold mehr. Alle Gold-Atome sind identisch (ausgenommen eine Reihe von Isotopen – s. S. 62-63). Jedes Element hat seine eigene, einmalige Atomstruktur, die Form und Eigenschaften des Elements bestimmt.

Subatomare Teilchen

Atome sind aus drei subatomaren Teilchen aufgebaut: dem Proton, Neutron und Elektron. Proton und Neutron sind größer als das Elektron. Mehr als 99,99% der Atommasse besteht aus Protonen und Neutronen. Die Masse des Protons ist 1836-mal so groß wie die des Elektrons. Die Zahl der Neutronen in einem Atom bestimmt die Ordnungszahl. Die Gesamtzahl der Protonen und Neutronen bestimmt die Massenzahl (s. S. 120-121 für weitere Informationen über Ordnungszahl und Atommasse). Diese subatomaren Teilchen können elektrisch geladen sein. Protonen sind positiv geladen (mit einer Ladung von +1), während Elektronen negativ geladen sind (ihre Ladung ist -1). Neutronen sind, wie ihr Name schon besagt, neutral und nicht geladen (ihre Ladung ist 0). Atome sind elektrisch neutral, denn sind haben genauso viele Elektronen wie Protonen. So hat ein Heliumatom 2 Protonen und 2 Elektronen und ein Uranatom 92 Protonen und 92 Elektronen. Verliert oder erhält ein Atom ein Elektron, so dass es weniger oder mehr Protonen als Elektronen hat, so kann es positiv oder negativ geladen werden (ein Ion).

Das Schalenmodell

Das einfachste und deutlichste Modell der inneren Struktur eines Atoms ist das Schalenmodell des dänischen Physikers Niels Bohr. In diesem Modell ähnelt das Atom einem Mini-Sonnensystem mit dem Kern in der Mitte, in dem Protonen und Neutronen als dichte Masse aufeinander gepackt sind. Hier befindet sich der größte Teil der Atommasse. Die Elektronen drehen sich als Mini-Planeten um den Kern. Sind mehr als 2 Elektronen vorhanden, drehen diese sich nie in derselben Entfernung vom Kern. Die verschiedenen Bahnen (oder Schalen) haben verschiedene Energieniveaus, wobei die dem Kern am nächsten liegende Bahn das niedrigste Energieniveau hat. Elektronen können zwar die Bahn wechseln, aber der Platz in jeder Schale ist begrenzt. Diese Ordnung bestimmt die Valenz des Atoms und damit viele seiner chemischen Eigenschaften (s. S. 78-79 für die Erläuterung dieser Begriffe).

Das Schalenmodell ist eine Simplifizierung. Das quantenmechanische Modell wird den Beobachtungen der Wissenschaftler aber besser gerecht, weil es aufgrund der Unschärferelation nicht möglich ist, den Ort und den Impuls eines Elektrons gleichzeitig exakt zu bestimmen. Man spricht dann davon, dass Elektronen sich in einem Raum aufhalten, der als orbitale oder Elektronenwolke bezeichnet wird.

• Diagramm der Elektronenkonfiguration von Gold (Au). Das Atom hat genauso viele Protonen wie Elektronen und ist besonders schwer. Das Metall Gold hat deshalb eine hohe Dichte.

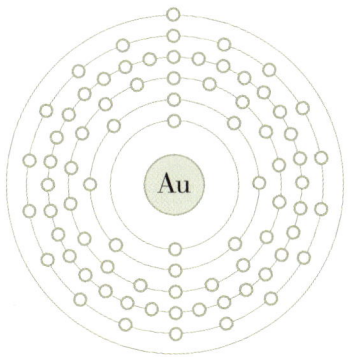

DER TEILCHENZOO

Inzwischen wurden so viele subatomare Teilchen entdeckt, dass sie zusammen den Namen „Teilchenzoo" erhalten haben. Andere Teilchen als Proton, Neutron und Elektron haben allerdings keinen Einfluss auf die chemischen Eigenschaften der Materie. In Teilchenzoo gibt es viele Exoten, wie zum Beispiel die Gegenpole aus Antimaterie zu jedem Teilchen (so ist etwa das Positron das Gegenteilchen zum Elektron). Inzwischen wurden mehr als 200 verschiedene Teilchen entdeckt, die in 3 Klassen eingeteilt werden: Quarks, Leptonen (u.a. das Elektron) und Bosonen.

Zwei sind oft unzertrennlich

Auch wenn das Atom als kleinste Einheit eines Elements gilt, war es den Chemikern lange Zeit unmöglich, alle Elemente in einzelne Atome aufzuteilen. Manche Elemente binden sich – sogar in reiner Form, ohne eine Kombination oder Vermischung mit anderen Atomen – stets an ein anderes gleichartiges Atom. So trifft man Sauerstoff nie in der Form von Einzelatomen an, sondern immer in Atompaaren, die gemeinsam ein diatomisches Molekül bilden. Auch die Elemente Wasserstoff, Stickstoff, Fluor, Brom, Chlor, Brom und Jod nehmen gerne eine diatomische Form an, was den Chemikern im 18. und 19. Jahrhundert bei der Bestimmung der Atom- und Massenzahlen viel Kopfzerbrechen kostete.

Aristoteles

Vom Altertum bis ins 17. Jahrhundert prägten Aristoteles Naturtheorie und seine Theorie der Elemente die Naturwissenschaft. Als Schüler Platons und Lehrer Alexanders des Großen wurde Aristoteles zur Legende, aber die Chemie brachte er dabei leider nicht voran.

Meister und Schüler

Aristoteles (384-322 v. Chr.) wurde in Mazedonien geboren, wo sein Vater Leibarzt des Königs Amyntas III. von Mazedonien war. Im Alter von 17 Jahren zog er nach Athen um dort in Platons Akademie einzutreten. Aristoteles soll ein brillanter Schüler gewesen sein. Manche Historiker führen bestimmte Entwicklungen in Platons Denken sogar auf die Kritik in den Schriften des Aristoteles zurück. Anscheinend nahm der Meister die Bemerkungen seines Schülers ernst. Aristoteles

blieb bis zum Tod seines Mentors 347 v. Chr. in der Akademie. Danach zog er nach Assos in Kleinasien und später nach Mytilene auf Lesbos. Seine umfangreichen meeresbiologischen Untersuchungen dort wurden bis zur Moderne nicht übertroffen, noch Darwin war begeistert von Aristoteles! 342 v. Chr. holte ihn Philipp II von Mazedonien als Lehrer für den jungen Prinzen Alexander an seinen Hof.

Im Jahre 335 v. Chr. bestieg Alexander den Thron und Aristoteles kehrte nach Athen zurück, um dort eine eigene Schule zu gründen, das Lykeion. In Athen herrschte jedoch eine anti-mazedonische Stimmung und als Alexander 323 v. Chr. starb, befürchtete Aristoteles, dass ihn das gleiche Schicksal ereilen könnte wie Sokrates, der den Giftbecher trinken musste, als die öffentliche Meinung sich gegen ihn kehrte. Aristoteles floh aus Athen, damit die Stadt sich „nicht zum zweiten Mal gegen die Philosophie versündige". In seinem Zufluchtsort Chalcis starb er ein Jahr später.

• **DAS ERBE DES ARISTOTELES**

Die Theorien von Aristoteles prägten die Naturphilosophie in Europa über 1900 Jahre. Sein System der Logik und der Physik wurde von der Kirche übernommen und verbreitet. Im Mittelalter bildeten seine Theorien das Zentrum der Scholastik, einer philosophischen Schule, die das geistige Leben Europas beherrschte. Er galt als die höchste Autorität in der Naturphilosophie und Chemie. In einem Studienführer aus dem 17. Jahrhundert (Directions for a Student in the University von Richard Holdsworth) heißt es: „Die Lektüre von Aristoteles fördert nicht nur Ihr Studium, […] sondern verbessert auch Ihre Griechischkenntnisse und bildet den krönenden Abschluss all Ihres Wissens".

Das fünfte Element

Plato verwarf den Atomismus zum größten Teil. Er leitete die Physik von der Metaphysik ab, Formen und Stoffe in der materiellen Welt seien nur minderwertige Kopien der idealen Formen in einer höheren Welt. Seine Abkehr von der materiellen Welt bedeutete auch, dass er über sie nachdachte und philosophierte, anstatt sie zu beobachten. Dieses Weltbild hatte wenig praktischen Nutzen für die Naturphilosophie. Aristoteles brach dann auch mit dieser Tradition und fing in bestimmten Lebensbereichen (wie das Leben im Meer) mit praktischen Untersuchungen an. Den Mittelpunkt von Aristoteles' Theorien bildeten jedoch die Logik und seine Lehre, dass nur logisches und rationales Denken Wissenserwerb ermögliche. Aristoteles formulierte ein System der deduktiven Logik mit Syllogismen. Ein Syllogismus beginnt mit einer Prämisse, aus der Schlussfolgerungen gezogen werden. Falsche Prämissen, wie auch Aristoteles These der fünf Elemente des Weltalls, führen jedoch zu falschen Schlussfolgerungen.

Aristoteles übernahm die vier Elemente des Empedokles, fügte jedoch ein weiteres hinzu – den Äther – , um die Bewegungen am Himmelgewölbe zu erklären. Laut Aristoteles erklären die natürlichen Qualitäten der Elemente die gesamte materielle Welt. Erde sei von Natur schwerer als Luft, so dass Stoffe mit höherem Gehalt an Erde so lange fallen, bis sie sich unterhalb der Luft befinden würden. Stoffe mit hohem Feuer- oder Wassergehalt seien „warm" oder „feucht", was ihre chemischen Eigenschaften erkläre. Dabei verwechselte Aristoteles jedoch Qualitäten mit Eigenschaften (im wissenschaftlichen Sinne) und diese falsche Prämisse führte dann auch zu falschen Schlussfolgerungen.

Da Aristoteles seine logischen Schlussfolgerungen nicht durch Beobachtungen ergänzte, unterliefen ihm mancherlei Irrtümer. So gelangte er rein deduktiv zu Schlussfolgerungen wie der, die Funktion des Gehirns liege darin, das Blut zu kühlen, oder der Mensch habe an beiden Seiten nur 8 Rippen. Es erscheint uns heute unglaublich, dass Aristoteles solche simplen Fehler machte. Seine Schlussfolgerung, Frauen hätten weniger Zähne als Männer, veranlasste den Philosophen Bertrand Russell (1872-1970) zur ironischen Bemerkung: „Er hätte nur Frau Aristoteles bitten müssen, den Mund zu öffnen, dann hätte er sie zählen können."

ARISTOTELES UND ALEXANDER

Über die Beziehung zwischen Alexander und Aristoteles ist nur wenig bekannt. Alexander soll auf seinen Feldzügen ein Exemplar der *Ilias* von Homer mit Anmerkungen von Aristoteles mitgenommen haben. Plutarch zitiert aus einem Brief, in dem Alexander seinen Lehrer rügt, er habe Material veröffentlicht, das vertraulich und nur für ihn bestimmt gewesen sei. Aristoteles soll seinen Schüler in Politik und Ethik unterrichtet haben. Als er später über das Königtum schrieb und dabei die Meinung vertrat, ein absoluter Herrscher sollte ein vollkommener Mensch sein, vergaß er allerdings Alexander als Vorbild zu nennen.

3 Die Kraft des Schießpulvers

DIE AUFGABE:

Die Explosionskraft von Schießpulver wurde im 9. Jahrhundert
von chinesischen Alchimisten entdeckt, die zufälligerweise auf
ein Rezept aus 75 Teilen Salpeter (Kaliumnitrat), vermischt mit
15 Teilen Holzkohle (Kohlenstoff) und 10 Teilen Schwefel
gestoßen waren. Die Explosionskraft von Schießpulver beruht
auf der schnellen Hitzeentwicklung und der Ausdehnung der
eingeschlossenen, und bei der Reaktion freikommenden Gase
Kohlenstoffdioxid (CO_2) und Stickstoff (N_2). Der Stickstoffgehalt
im Salpeter spielt eine wichtige Rolle bei der Explosionskraft
von Schießpulver. Wie kommen wir dahinter, wie viel Stickstoff
(als Prozentsatz) ein Kilo Schießpulver enthält?

DIE METHODE:

Die Zusammensetzung von Schießpulver
variiert, manchmal wird Natriumnitrat
(Chilesalpeter) anstelle von Kaliumnitrat
verwendet, besonders im Feuerwerk. In
dieser Übung berechnen wir jedoch
lediglich den Stickstoffgehalt von zwei
Schießpulvermischungen mit Kaliumnitrat:

(a) 75 Teile Salpeter (KNO_3) vermischt
mit 15 Teilen Holzkohle (C) und 10
Teilen Schwefel (S)

(b) 67 Teile Salpeter vermischt mit
22 Teilen Holzkohle und
11 Teilen Schwefel.

In der Gleichung für diese explosive Schießpulverreaktion reagiert das Kaliumnitrat mit Kohlenstoff und Schwefel und produziert dabei Stickstoff, Kohlenstoffdioxid und Kaliumsulfid (K_2S):

$$2\ KNO_3(s) + 3\ C(s) + S(s) \longrightarrow$$
$$N_2(g) + 3\ CO_2(g) + K_2S(s)$$

N.B. Ein (s) verweist auf Feststoff, ein (g) auf ein Gas.

Da wir nur an der Stickstoffmenge in den beiden Mischungen interessiert sind, berücksichtigen wir Kohlenstoff und Schwefel nicht in der Gleichung. Wir brauchen nur das Atomgewicht von Kalium (K = 39), Stickstoff (N = 14) und Sauerstoff (O = 16), um daraus die relative Molekülmasse von Kaliumnitrat zu ermitteln. Daraus können wir den prozentualen Anteil Stickstoff in einem Kilo der beiden Mischungen berechnen.

DIE LÖSUNG:

Die chemische Formel für Kaliumnitrat lautet KNO_3. Die relative Molekülmasse beträgt:

$$\underset{K}{(1 \times 39)} + \underset{N}{(1 \times 14)} + \underset{O}{(3 \times 16)} = 101$$

Umgerechnet auf ein Kilo der Mischung (a) entsprechen die 75 Teile Salpeter 750 g. Auch hier brauchen wir keine Angaben für Kohlenstoff oder Schwefel. Zunächst müssen wir den Prozentsatz Stickstoff in einem Molekül Kaliumnitrat berechnen. Wir verwenden dazu ihre jeweilige Atom- und Molekülmasse:

$$(14 / 101) \times 100 = 13{,}87\%$$

Nun berechnen wir dieses für 1 kg Mischung mit 750 g Kaliumnitrat:

$$(750 / 1000) \times 13{,}87 = 10{,}40\%$$

Ein Kilogramm der Schießpulvermischung (a) enthält also 10,4% Stickstoff.

Zur Berechnung der Stickstoffmenge in Mischung (b) brauchen wir lediglich die andere Menge Kaliumnitrat in die Gleichung einzugeben:

67 Teile in 1 kg der Mischung (b) entsprechen 670 g. Die angepasste Formel lautet

$$(14 / 101) \times 100 = 13{,}87\%$$

$$(670 / 1000) \times 13{,}87 = 9{,}29\%\ N$$

DAS GRIECHISCHE FEUER

Eine bemerkenswerte chemische Waffe des Altertums war das geheimnisvolle „Griechische Feuer", das die Existenz des Byzantinischen Reichs über 600 Jahre lang sicherte. Das Rezept dieser chemischen Waffe gehört zu den am besten gehüteten Geheimnissen der Geschichte – und das mit gutem Grund, denn sie hat den Verlauf der Geschichte beeinflusst.

Der Geruch des Sieges

„Griechisches Feuer" war eine Napalm-artige stark brennbare Flüssigkeit, die bei der Verteidigung des Byzantinischen Reiches eingesetzt wurde. Die Technik dieser Waffe war ein sorgsam gehütetes Geheimnis, das nur der kaiserlichen Familie und ihren Amtsgenossen bekannt war. Die genaue Zusammensetzung der Flüssigkeit ist bis heute unbekannt. Das griechische Feuer wurde zum ersten Mal im 7. Jahrhundert gegen die Araber eingesetzt, die nach ihrem Sieg über die Perser auch Konstantinopel einzunehmen drohten. Obwohl die Befestigungen der Hauptstadt, vor allem die riesige Mauer des Theodosios, den Feind vom Land her abwehren konnten, hätte die arabische Flotte durch eine Meeresblockade die Stadt aushungern und zur Kapitulation zwingen können. Aber die Araber hatten bereits – ohne es zu wissen – ihren Untergang besiegelt. Als ihre Armeen das christliche Syrien eroberten, flüchteten dessen Bewohner in Scharen ins sichere Konstanti-nopel. Unter ihnen befand sich der syrische Grieche Kallinikos, der das Rezept einer Geheimwaffe mitbrachte, die später als das – nach Kallinikos' Herkunft – „Griechische Feuer" bekannt wurde. Andere Namen lauteten „flüssiges Feuer", „Meeresfeuer", und „persisches Feuer", was auf den möglichen persischen Ursprung dieses Feuers hinweist, worauf andere Quellen hinweisen: Kallinikos diente zunächst in der arabischen Armee. Feuerwaffen mit Erdöl, wie Pech oder Naphtha, gehörten zwar auch bei den Arabern zum Arsenal, aber das griechische Feuer war dank seiner raffinierten Zusammenset-

• Diese Illustration aus einem byzantinischen Hand-buch über Belagerungen zeigt eine Vorrichtung zum Verschießen des griechischen Feuers.

EINE HIMMLISCHE OFFENBARUNG

Um zu verhindern, dass die Spritzvorrichtung in feindliche Hände fallen würde, wurde das griechische Feuer möglichst wenig eingesetzt. Im Laufe der Zeit entstanden zahlreiche Mythen um das geheimnisvolle Rezept. In einem Brief an seinen Sohn Porphyrogennitos mahnte zum Beispiel Kaiser Konstantin, dass das Geheimnis sogar nicht an Verbündete weitergegeben werden dürfe, denn: „die Ingredienzen wurden dem ersten christlichen Kaiser Konstantin dem Großen von einem Engel offenbart. [...]". [Konstantin verordnete, dass jeder, der es wage, dieses Feuer einer anderen Nation zu übergeben, schriftlich und vor dem heiligen Altar der Kirche Gottes verflucht werden sollte. [...] Er soll entthront werden und über ihn – ohne Ansehen der Person – als gewöhnlicher Dieb jahrhundertelang Schande gesprochen werden."

zung und der doppelt wirkende Druckpumpe, mit der die brennende Flüssigkeit in Richtung des Feindes gespritzt wurde, diesen Waffen weit überlegen.

Der flüssige Tod

Über die Zusammensetzung des griechischen Feuers können wir nur spekulieren. Wahrscheinlich enthielt es Schwefel, ungelöschten Kalk, flüssiges Erdöl und vielleicht auch Magnesium (wie in modernen Flammenwerfern). Magnesium ist ein sehr stark reaktives Metall, das sogar unter Wasser brennt, eine gefürchtete Eigenschaft des griechischen Feuers. Um diesen flüssigen Tod zu versprühen, erfanden die Byzantiner eine raffinierte Druckpumpe.

Das griechische Feuer hatte eine vernichtende Wirkung. 678 bewirkte es einen dramatischen Umschlag im Kampf gegen die Araber, wobei deren gesamte Flotte vernichtet und Tausende getötet wurden. Die Belagerung wurde durchbrochen und die Araber mussten Frieden schließen. Bei einem neuen Angriff im Jahre 717 spielte das griechische Feuer wieder eine zentrale Rolle und die Araber wurden erneut zurückschlagen.

Drei Jahrhunderte lang war das griechische Feuer von unschätzbarem Wert bei der Verteidigung des Byzantinischen Reiches, bis das geheime Wissen um 1204 verlorenging. Zwar wurden immer noch Feuerwaffen verwendet, die „Griechisches Feuer" genannt wurden, aber die Technik stand nicht mehr zur Verfügung. Das Byzantinische Reich konnte sich noch bis 1453 halten, dann durchbrachen die osmanischen Türken mit Kanonen und Schießpulver die Mauern von Konstantinopel.

Das griechische Feuer hatte jedoch schon damals den Verlauf der Geschichte beeinflusst: Mit seiner Hilfe wurde der bis dahin unaufhaltsamen Aufmarsch der islamischen Armeen jahrhundertelang abgewehrt. Ohne "Griechisches Feuer" hätten Europa und der Lauf der Weltgeschichte wohl völlig anders ausgesehen.

2

Alchemie und Chemie als Wissenschaft

In der Alten Welt bestand das Wissen über Chemie aus einer Mischung aus mystischen Erzählungen und empirischem Wissen über bestimmte Stoffe. Dieses Gedankengut faszinierte die großen Denker des späten Altertums, des mittelalterlichen Islam und der europäischen Renaissance. Ihre Versuche, die Geheimnisse des Kosmos zu ergründen, führten schließlich zu einer neuen Methode der Naturforschung und letztendlich zu einer neuen Wissenschaft der Materie und ihrer Transformationen.

DIE ENTSTEHUNG DER ALCHEMIE

331 v. Chr. gründete Alexander der Große in Ägypten die Stadt
Alexandrien. Sie entwickelte sich rasch zum Schaufenster einer neuen
Welt: eine Mischung aus unterschiedlichen Rassen, Kulturen und
Traditionen. In Alexandrien erblühte die Chemie als Alchemie, mehr
Kunst als Wissenschaft, aber mit neuen Verfahren und Problemen. Wie
die Stadt selbst war auch die Alchemie ein komplexer Schmelztiegel.

Ägyptische Künste

In Alexandrien, zu Zeiten der Ptolemäi-
schen Dynastie, war die griechische
(oder eigentlich hellenische) Kultur an
altägyptischen Vorbildern orientiert. Die
von den Ägyptern seit Jahrtausenden
betriebenen Künste Magie, Mystik und
Chemie – mit Techniken wie Balsamie-
rung, Glasherstellung, Fayence und
Metallbearbeitung – verbanden sich mit
der hellenischen Metaphysik und der
aristotelischen Kosmologie. Hieraus
entstand eine eigenartige neue Disziplin:
die Alchemie.

Die Alchemisten übernahmen die
klassische Lehre der Elemente (Erde,
Luft, Feuer, Wasser) und versuchten
Aristoteles' Theorie der Materie anzuwenden. Wenn die Art eines Stoffs durch
das spezifische Verhältnis der Elemente
verursacht wurde, wie Aristoteles
behauptete, so würde die Veränderung
dieser Verhältnisse auch die Art des Stoffs
verändern. Wenn zum Beispiel Gold
durch eine spezifische Mischung aus
Erde, Luft, Feuer und Wasser gebildet
wird, dann müsste es möglich sein, das
Rezept eines halbedlen Metalls

• HERMES TRISMEGISTUS

*Die Götter-Gestalt
Hermes Trismegistus
(„Der dreifach Große")
war eine mythische
Gestalt, eine Verschmel-
zung des ägyptischen
Wissenschaftsgottes Thot*

*mit dem griechischen
Gott Hermes. Hermes
Trismegistus soll der
Verfasser des „Corpus
Hermeticum" sein,
das die Alchemisten
entziffern wollten.*

– wie Blei – so zu verändern, dass daraus Gold entstehe. Um Transmutationen zu bewirken, verwendeten die Alchemisten bekannte Stoffe aus der ägyptischen, griechischen und römischen Technik, dabei wurden Metalle und Erdmineralien wie Ocker und Erze (zum Beispiel Stibnit) aufgelöst, destilliert und filtriert.

Diese Bearbeitungen erfolgten nach mystischen Prinzipien, allen voran dem Grundsatz „wie oben, so unten" bzw. der Lehre der Gemeinsamkeiten. Dies bedeutete, dass der Mikrokosmos – die „kleine" Welt des Menschen und der irdischen Materie – mit dem Makrokosmos – dem Weltall, den Sternen und Himmelskörpern – korrespondiert. So meinte man, dass die sieben bekannten Metallelemente den sieben „Planeten" (Bezeichnung für sämtliche Himmelskörper) entsprächen, und zwar Gold der Sonne, Silber dem Mond, Kupfer der Venus usw. Auch Pflanzen, Edelsteine, Sternbilder und alle anderen natürlichen und menschlichen Erscheinungen gehörten zu diesem korrespondierenden Netzwerk, mit dessen Hilfe die Alchemisten die von ihnen verwendeten Stoffe beeinflussen wollten.

Ist die Alchemie keine Wissenschaft?

Die mystischen Weisheiten galten als zu bedeutsam und exklusiv, um sie mit Uneingeweihten teilen zu wollen. Deswegen zeichneten die Alchemisten ihr Wissen in einer symbolischen und allegorischen Sprache auf. Diese Geheimhaltung ist nur einer der

ALCHEMIE IN CHINA

Die alchemistische Tradition in China ist mindestens so alt wie die westliche. Die chinesischen Alchemisten suchten vor allem nach Mitteln zur Lebensverlängerung – einige legendäre taoistische Weisen sollen sogar das Elixier der Unsterblichkeit entdeckt haben. Außer der „internen Alchemie" betrieben die Chinesen die „externe Alchemie", die wie ihre westliche Variante nach dem Rezept für Goldherstellung suchte. Das Schießpulver war vermutlich ein Nebenprodukt alchemistischer Forschung. Eine Schrift über taoistische Alchemie aus der Zeit um 850 beschreibt eine explosive Entdeckung: „Manche erhitzten Salpeter, Schwefel und Holzkohle mit Honig. Es bildeten sich Rauch und Flammen, so dass ihre Hände und Gesichter verbrannten, sogar das ganze Haus ging in Flammen auf."

Gründe, warum die Alchemie sich nicht weiter zur Wissenschaft entwickelte. Ein anderer ist, dass Autorität und syllogistische Logik – wie in der aristotelischen Philosophie – der empirischen Beobachtung der Wirklichkeit vorgezogen wurden. Somit war die Ausübung der Alchemie oft rein subjektiv und mystisch, sie hing von subjektiven Variablen wie der spirituellen Reinheit des Experimentators ab, und die Stoffe wurden vom Stand des Mondes oder der Sterne beeinflusst.

Gold und Silber

DIE AUFGABE:

Gold (Au) kommt in Erzschichten als gediegenes Metall in reiner Form oder gemischt vor (zum Beispiel mit Silber). Elektrum ist eine natürlich vorkommende Legierung aus Gold und Silber mit Spuren von Kupfer und anderen Metallen, aus der sich reines Gold und Silber gewinnen lassen. Wir nehmen einen Ring aus 18-karätigem Gold und fragen uns, wie viel Gold er tatsächlich enthält. Wie kommen wir dahinter?

DIE METHODE:

Um Gold zu extrahieren, wird Erz oder eine Legierung gewonnen, pulverisiert und in Natriumcyanid (NaCN) an der Luft aufgelöst. Die Lösung wird filtriert. Bei Zugabe von Zinkpuder (Zn) sinkt das Gold auf den Boden, wodurch das Rohmetall Gold entsteht, das anschließend geschmolzen und auf eine Reinheit von 99,9999% gebracht wird.

Der Massenprozentsatz von Gold in Schmuck wird in „Karat" klassifiziert. Reines Gold (99,9999% Au) wird als „24 Karat" bezeichnet. Daraus können

• Gold ist seit Jahrtausenden ein begehrtes Edelmetall für Schmuck. Als am wenigsten reaktives Metall hat es auch praktischen Nutzen, zum Beispiel als oxidationsbeständiger Leiter.

wir den Massenprozentsatz Gold bei 22,
21, 18 und 9 Karat sowie den Goldgehalt
in Gramm für unseren Ring berechnen.

• Vor dem heutigen chemischen
Bezeichnungssystem verwendeten die
Alchemisten für wichtige Elemente Symbole
voller okkulter und astrologischer
Bedeutung:

DIE LÖSUNG:

Das Karat eines Materials (C) ist per
Definition 24 x Mg / Mm, wobei Mg für
die Masse reines Gold im Material und
Mm für die Gesamtmasse des Materials
steht. Reines Gold (99,9999% Au) hat 24
Karat.

Die Berechnung von 1 Karat lautet:

$$1 / 24 \times 99,9999 = 4,17\%$$

Damit können wir auf einfache Weise den
Goldgehalt bei den verschiedenen
Karat-Angaben berechnen:

22 Karat enthält (22 / 24) x 99,9999
= 91,7% Gold

21 Karat enthält (21 / 24) x 99,9999
= 87,5% Gold

18 Karat enthält (18 / 24) x 99,9999
= 75,0% Gold

9 Karat enthält (9 / 24) x 99,9999
= 37,5% Gold

Reines Gold ist sehr weich und wird in
Schmuck meist mit anderen Metallen
gemischt, um die Härte zu erhöhen. Je
niedriger die Karat-Angabe, umso härter
ist der Goldschmuck.

Gold

Eisen

Blei

Queck-
silber

Silber

Schwefel

Zinn

CHEMISCHE REAKTIONEN

Die Alchemisten machten in der Beschreibung ihrer chemischen Experimente einen sogenannten Kategoriefehler. Sie meinten ein Element in ein anderes zu transformieren – was man heute eine „Kernreaktion" nennt – bewirkten aber lediglich chemische Reaktionen, wobei gemischte Stoffe (Elemente, die auf verschiedene Weise miteinander verbunden sind) geschaffen, aufgelöst oder verändert werden.

Grundkenntnisse über Reaktionen

Bei einer chemischen Reaktion wird ein Stoff oder ein Gemisch aus Stoffen in einen anderen Stoff verwandelt. Die Stoffe zu Beginn der Reaktion nennen wir die Reaktanten, die Stoffe die am Ende übrig bleiben Reaktionsprodukte. Mittels einer chemischen Formel zeigt man, welche Form die Reaktoren und Reaktionsprodukte vor und nach der Reaktion haben:

Reaktanten ⟶ Reaktionsprodukte

Der Pfeil in der Mitte zeigt, in welche Richtung die Reaktion verläuft. Symbole aus der Mathematik, wie die +-Zeichen werden als symbolische Kurzschrift verwendet.

Reaktant A + Reaktant B ⟶ Reaktionsprodukt AB

Rostbildung ist eine chemische Reaktion, wobei sich Eisen mit Sauerstoff verbindet, um Eisenoxid (Rost) zu bilden. Die chemische Reaktion hierfür wird folgendermaßen geschrieben:

Eisen + Sauerstoff ⟶ Eisenoxid

Ein weiteres Beispiel: Die chemische Reaktion, wenn Sie das Gas im Herd entzünden:

Methan (g)   Kohlenstoffdioxid (g)
+ Sauerstoff (g) ⟶ + Wasser (g)

Der Buchstabe in Klammern gibt die Phase des Stoffes an, in diesem Fall sind alle Reaktanten und Reaktionsprodukte Gase.

Eine Reaktion eines Alchemisten – die Reduktion von Silber –, könnte folgendermaßen ausgesehen haben:

Silber (l) +
Silbercarbonat (s) ⟶ Kohlenstoffdioxid (g)
+ Sauerstoff (g)
↑
Erhitzung

Die Reaktion, die die chinesischen Alchemisten im 9. Jahrhundert so unangenehm überraschte, lautete:

Schwefel (s) +   Kohlenstoffdioxid (g) +
Kohlenstoff (s) + —→ Kaliumsulfid (s) +
Kaliumnitrat (s)   Stickstoff (g)

Das sprachliche Ausschreiben von
Elementen und Verbindungen ist
zeitraubend und ineffektiv, in unterschiedlichen Sprachen haben die Stoffe andere
Namen. Deshalb entwickelte man in der
wissenschaftlichen Welt bald eine
universelle Bezeichnung der Stoffe auf der
Grundlage griechischer Namen sowie eine
wissenschaftliche Schreibweise, um so
präziser und schneller arbeiten zu können
(s. S. 114-115).

Reaktionen die Wärme erzeugen
werden als exotherm, Reaktionen die
Energie absorbieren als endotherm
bezeichnet, d. h. die Umgebung wird kälter.
In oben genannten Beispielen ist die
Verbrennung von Methan und Schießpulver eine exotherme Reaktion, während die
Reduktion von Silber endotherm ist. Eine
Reaktion wie Rosten findet spontan in einer
feuchten Umgebung statt, sogar bei
niedrigen Temperaturen. Viele Reaktionen
exothermer Art – wie Verbrennung – entstehen jedoch nicht spontan. Sie müssen
durch die so genannte Aktivierungsenergie
in Gang gesetzt werden. Sobald diese
Aktivierungsenergie vorhanden ist, erzeugt
eine exotherme Reaktion wie die Verbrennung von Methan genügend Energie, um
sich selbst aufrechtzuerhalten.

Reaktionstypen

Es gibt vielerlei Arten von Reaktionen. Die
einfachste ist wahrscheinlich die Synthese-
reaktion (Stoffvereinigung), wobei zwei
oder mehr Reaktanten sich verbinden um

ein Reaktionsprodukt zu bilden. Eine
Redoxreaktion ist das Entgegengesetzte: Ein
Reaktant wird zerlegt und bildet zwei oder
mehr Reaktionsprodukte. Bei einer
Verdrängungsreaktion wird das weniger
aktive Element vom einem aktiveren
Element in der Verbindung verdrängt. Vor
allem bei Metallen gibt es eine Hierarchie
der Reaktivität: Alkalimetalle wie Natrium
und Magnesium sind am stärksten reaktiv,
gefolgt von Aluminium und Zink. Am
schwächsten reaktiv sind Kupfer, Silber und
Gold. Gibt man Zink zu einer Silbersalzlö-
sung in Wasser zu, so verdrängt das Zink das
Silber, das dann ausgefällt wird. Fügt man
der Lösung jedoch Aluminium hinzu, so
wird das Zink verdrängt und ausgefällt.

Bei Verbrennungsreaktionen verbindet
sich ein zusammengesetzter Stoff mit
Sauerstoff. Verbrennung ist ein häufig
vorkommendes Beispiel für einen Reakti-
onstyp, der Redoxreaktion genannt wird,
eine Abkürzung von Reduktion- Oxidation.
Wie beim Rosten werden auch bei einer
Redoxreaktion Elektronen zwischen den
Reaktanten ausgetauscht (s. S. 110-111).

Im Gleichgewicht

Ein wichtiges Prinzip der Chemie
lautet, dass Materie nicht erschaffen oder
vernichtet werden kann (ausgenommen bei
Kernreaktionen): das Gesetz der Erhaltung
der Materie. Bei Reaktionsgleichungen
bedeutet dies, dass an beiden Seiten des
Reaktionspfeils gleich viele Atome stehen
müssen. Zwar sind neue Verbindungen
möglich, aber die Gesamtzahl der Atome
kann sich nicht ändern. Ob ein Gleichgewicht vorhanden ist, lässt sich dank
wissenschaftlicher Notation leicht feststellen.

DIE CHEMIE IN DER MITTEL-ALTERLICHEN ISLAMISCHEN WELT

Das Wissen über Chemie erhielt in der mittelalterlichen islamischen Welt einen bedeutenden Schub, denn es gelang einigen bedeutsamen Gelehrten, neue Prinzipien zu formulieren und Techniken und Verfahren zu perfektionieren, die einen großen Einfluss auf die europäische Renaissance haben sollten.

Die Seidenroute und das Haus der Weisheit

Außer Handelswaren und Händlern kamen auf der Seidenroute auch Ideen aus Ost und West nach Persien, lange Zeit das bedeutsamste Zentrum der Wissenschaft. Die Philosophie des klassischen Altertums gelangte über Christen ins Land, die aus dem Byzantinischen Reich vertrieben worden waren. So stifteten nestorianische Christen um 500 die berühmte persische Schule der Medizin in Jundishapur.

Der aufkommende Islam veränderte die Gesellschaft rasch und tiefgreifend. Die arabische Expansion im 7. Jahrhundert brachte den gesamten mittleren Osten, einen großen Teil Zentralasiens, den Nahen Osten und Nordafrika unter islamische Herrschaft. Zunächst stand das Kalifat der nicht islamischen Wissenschaft ablehnend gegenüber. Unter dem Kalifat der Abbasiden zwischen dem 8. und 11. Jahrhundert erlebte die islamische Wissenschaft jedoch eine bemerkenswerte Blütezeit. Die Kalifen ließen die gesamte altgriechische

Literatur und wichtige Schriften östlicher Weisheit aus Indien und China ins Arabische übersetzen. Aus dem gesamten islamischen Reich und von außerhalb kamen Gelehrte in die abbasidische

• „Tollwütiger Hund beißt Mann", Abbasidische Kalifat-Übersetzung (ca. 1224) einer griechischen *Materia Medica*. Das Wissen des Altertums wurde von islamischen Gelehrten bewahrt, und um neue Ingredienzen, Heilmittel und Techniken erweitert.

Hauptstadt Bagdad, wo Institute wie das berühmte Bayt al-Hikma (Haus der Weisheit) zu Zentren des Studiums der Mathematik, Astronomie, Heilkunde, Chemie, Zoologie, Geographie, Alchemie und Astrologie wurden. Die vielen Gelehrten, die über Papier verfügen konnten – eine neue Technik, die über die Seidenroute aus China in den Westen gelangt war –, gaben der Wissensentwicklung einen bedeutenden Schub.

Das griechische Feuer

Mit dem Fall des Römischen Reichs gingen in Europa die meisten alten griechischen und römischen Schriften verloren. Die klassische Philosophie und ihr Wissen wurden jedoch in der islamischen Welt am Leben erhalten und weiter entwickelt. Die islamischen Alchemisten beriefen sich auf klassische Quellen wie Pythagoras und seine mystische Mathematik, Aristoteles und die Elemente, den Heilkundigen Galen und seine Theorie der vier Körpersäfte (nach dem klassischen Modell der vier Elemente) und auf die Neuplatonisten, deren Mystik und Metaphysik den spirituellen Kontext der Alchemie bildeten. Auch Lehren aus der chinesischen und indischen Alchemie wurden von den Alchemisten weiterentwickelt, um Stoffe und deren Reaktionen systematisch zu erforschen und das Wissen darüber zu erweitern.

Der erste große Name der islamischen Alchemie ist Jabir ibn Hayyan (ca. 721-815), der als „Vater der islamischen Alchemie" gilt. Sein Nachfolger war der persische Arzt Al-Razi (ca. 865-925), dessen Schriften – eng verwandt mit den Arbeiten Jabirs – als revolutionär gelten, weil sie eine Art Wissenschaftsphilosophie der Chemie darstellen. Al-Razi schob den metaphysischen Ballast seines Vorgängers zur Seite und untersuchte Stoffe, von seinen eigenen Beobachtungen ausgehend und ohne Berücksichtigung angeblicher metaphysischer Zusammenhänge. Al-Razis Werk „Das Geheimnis der Geheimnisse" wurde zur Bibel der europäischen Alchemisten. Seine Bedeutung liegt darin, dass es praktische Anweisungen zur Laborarbeit enthält. Ein Teil behandelt die exotischen Glasbehälter der islamischen Alchemisten, die noch bis ins 19. Jahrhundert zur Standardausrüstung der chemischen Laboratorien gehörten. Im letzten Kapitel seines Buches beschrieb Al-Razi eine Klassifizierung der Stoffe, ein Versuch, der später im Periodischen System der Elemente münden sollte. Den festen Elementen Schwefel und Quecksilber fügte Razi als Drittes (s. S. 44-45) Salz hinzu. Dieses Schema sollte Paracelsus stark beeinflussen (s. S. 58-59).

Nach Al-Razi kam Abu Ali ibn Sina (980-1037). Ibn Sina spezialisierte sich vor allem auf „Iatro-Alchemie", die alchemistische Heilkunde. Er entwickelte die galenistische Theorie der vier Körpersäfte, die sich an den vier „Naturen" von Jabir und Aristoteles spiegelte. Ibn Sina hatte großen Einfluss auf die ersten Gelehrten der europäischen Frührenaissance, die Roger Bacon und Albertus Magnus zu ihren naturwissenschaftlichen Forschungen inspirieren sollten.

Jabir ibn Hayyan

Jabir ibn Hayyan war der erste große Gelehrte der islamischen Alchemie. Seine Reform der klassischen Modelle der Alchemie hatte großen Einfluss auf spätere Generationen Alchemisten. Wahrscheinlich noch wichtiger waren seine praktischen und experimentellen Forschungen: Er entdeckte neue Stoffe, entwickelte neue Verfahren und erweiterte das Wissen über Chemie.

Vier Naturen und zwei Metalle

Interessanterweise waren es noch bis zur französischen Aufklärung die Apotheker, die die Chemie voranbrachten. Auch Jabir kam als Apotheker zur Alchemie. Ausgehend von einem holistischen Wissenskonzept betrachtete er die Alchemie jedoch nur als einen Aspekt der Naturphilosophie.

Inspiriert vom „Smaragdenen Buch", einem legendären alchemistischen Werk, das Hermes Trismegistus (s. S. 36-37) zugeschrieben wurde, und von der aristotelischen Theorie der Elemente, fügte Jabir der Alchemie neue Dimensionen hinzu. Nach seiner Überzeugung lagen den aristotelischen Elementen vier entsprechende Naturen (oder Eigenschaften) zu Grunde: warm, kalt, trocken und nass, die paarweise die vier irdischen Elemente (warm + trocken = Feuer) bildeten.

Jabir konzentrierte sich vor allem auf das Wesen der Metalle, das nach seiner Ansicht auf zwei metallische Elemente zurückzuführen sei: Schwefel und Quecksilber. Das Verhältnis zwischen diesen beiden Elementen bestimme die Art eines jeden Metalls: Bei perfekter Balance der beiden Metalle entstehe Gold. Wie die Alchemisten vor und nach ihm war Jabir davon überzeugt, dass es einen Weg gebe, um Blei in Gold zu verwandeln. Dazu sollte Blei in seine Schwefel- und Quecksilberbestandteile getrennt werden. Gereinigt und im richtigen Verhältnis neu zusammengesetzt würde Gold entstehen. Der Stoff, der diese Umwandlung fördere, selbst aber unverändert bleibe – der Katalysator nach heutigem Sprachgebrauch – bezeichnete Jabar als das „Elixier", die arabische Übertragung des trockenen oder puderähnlichen Stoffs Xieron aus Hermes' Corpus Hermeticum.

Das Wasser der Könige

Jabirs größte Verdienste liegen auf dem Gebiet

• Jabir ibn Hayyan hatte großen Einfluss auf die angewandte und theoretische Alchemie. Auf dieser Abbildung sieht man ihn mit selbst gebauten Instrumenten.

der angewandten Chemie. Er verbesserte die Glasherstellung, das Raffinieren von Metallen und die Herstellung von Farben und Tinten (unter anderem eine Tinte aus Pyrit, die als billige Alternative für Gold in illuminierten Manuskripten verwendet wurde). Jabir synthetisierte Salmiak (Ammoniumchlorid), entwickelte eine Technik zur Konzentration von Essigsäure und entdeckte eine neue Säure, die den Namen *Aqua Regia* (königliches Wasser) erhielt. Diese neue Säure – eine Mischung aus Salz- und Salpetersäure wie wir heute wissen – konnte sogar Gold auflösen.

Außerdem fügte Jabir der Alchemie organische Stoffe hinzu, die er aus Pflanzenextrakten gewann. Eine klare Trennung zwischen der organischen und der anorganischen Welt machten die damaligen Gelehrten allerdings noch nicht. Für sie waren Pflanzen, Tiere und Mineralien Teile eines Kontinuums der Materie. Mit der Synthese neuer Stoffe

wollte Jabir neue Arten entdecken oder sogar schaffen. Bedeutsamer allerdings war, dass Jabir seine Experimente systematisch aufzeichnete und damit nützliche Beschreibungen von Materialien, Instrumenten, Techniken und Ergebnissen hinterließ. Dieser wissenschaftliche Ansatz machte sein Werk auch für spätere Generationen von Alchemisten so interessant.

• Ein Stück Pyrit, der traditionelle Namen für Eisen(II) sulfid (II) (FeS$_2$). Im Volksmund wird es als „Narrengold" bezeichnet, weil sein Kupferglanz fälschlich für Gold angesehen werden kann.

1001 NACHT

Jabir führte ein stürmisch bewegtes Leben. Er arbeitete unter der Herrschaft des berühmten Harun-al-Raschid, der aus den Erzählungen aus *Tausendundeine Nacht* bekannt ist. Als Iranier arabischer Herkunft litt Jabir seit seiner Jugend unter der gefährlichen Machtpolitik des Kalifats. Sein Vater wurde umgebracht, weil er eine Verschwörung anleitete, die das omajidische Kalifat zu Fall bringen wollte. Jabir arbeitete eng mit Haruns Vasall Jafar zusammen, womit sein Schicksal eng mit dem seines Schutzherren verknüpfte. Als dieser den Schutz des Kalifats verlor und geköpft wurde, musste Jabir in die Provinz fliehen. Dort schrieb er gegen Ende seines Lebens das umfangreiche Werk *Die Summe der Perfektion*, eines von mehreren Hundert Büchern, die ihm zugeschrieben werden (die Zuschreibung ist nicht völlig gesichert, denn es war zu dieser Zeit üblich, ein Buch zur Förderung des Verkaufs unter einem bekannten Namen herauszugeben).

KATALYSATOREN UND KINETIK

Jabirs Arbeit mit Katalysatoren ermöglichte ein wichtiges neues Kapitel der Chemie. Dazu betrachten wir zunächst die Kinetik, die Lehre von der Reaktionsgeschwindigkeit. Die Kinetik untersucht die Geschwindigkeit mit der sich eine Reaktion vollzieht, sowie die daran möglicherweise beteiligten Faktoren. Zu diesen Faktoren gehören die Katalysatoren und die Temperatur, die zusammen die Geschwindigkeit der reaktiven Teile – die Kollisionsgeschwindigkeit – beeinflussen.

Die Kollisionstheorie

Das einfachste Modell chemischer Reaktionen wird als Kollisionstheorie bezeichnet. Nach diesem Modell lassen sich Atome und/oder Moleküle der Reaktanten mit Billardkugeln vergleichen, die über einen Tisch rollen. Für eine Reaktion müssen sie kräftig genug aufeinanderprallen, um die Barriere der Aktivierungsenergie zu durchbrechen (s. Diagramm). Die bewegenden Teilchen besitzen kinetische Energie. Ist diese ausreichend groß, so können sie die chemischen Bindungen aufbrechen und ihre Energie auf neue Bindungen übertragen. Dort wird sie als chemische

• Wenn ein Zusammenstoß zwischen reaktiven Teilchen die erforderliche Aktivierungsenergie hervorbringt, gelangen sie in eine Übergangsphase, wo sie ihren höchsten Energiezustand erreichen, bevor sie auf den Energiezustand der Produkte zurückfallen.

Energie gespeichert. Für eine erfolgreiche Reaktion muss jedes reaktive Teilchen das andere Teilchen genau treffen, denn jedes Teilchen hat einen „Reaktionsort", an dem der Zusammenprall stattfinden muss.

Erhitzung

Die Temperatur eines Stoffes oder einer Mischung zeigt die durchschnittliche kinetische Energie der Teilchen an. Da die Wärmeenergie in kinetische Energie umgesetzt wird, nimmt bei Erhitzung die durchschnittliche kinetische Energie der Teilchen zu. Bei Erhöhung der Temperatur erhalten die Teilchen also mehr Energie. Teilchen mit mehr Energie bewegen sich schneller und damit steigt die Wahrscheinlichkeit, dass sie andere treffen.

Die Reaktionsgeschwindigkeit lässt sich auch durch eine höhere Konzentration der Reaktanten erhöhen. Finden sich mehr reaktive Teile in einem gegebenen Volumen, so erhöht sich die Wahrscheinlichkeit von Zusammenstößen. Je mehr Zusammenstöße, umso

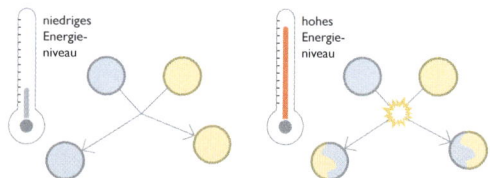

niedriges Energieniveau

hohes Energieniveau

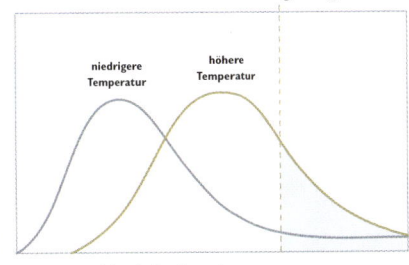

minimale kinetische Energie
für Aktivierungsenergie

niedrigere
Temperatur

höhere
Temperatur

Anzahl der Moleküle

kinetische Energie

• Eine Temperaturerhöhung gibt mehr Teilchen der kinetischen Energie, um die erforderliche Aktivierungsenergie zur Beschleunigung der Reaktion zu ermöglichen. Deshalb ist die Erwärmung von Reaktanten eine der Möglichkeiten, um chemische Reaktionen zu beschleunigen.

höher ist die Wahrscheinlichkeit, dass eine Reaktion stattfindet.

Die kleinen Helfer

Ein Katalysator ist ein Stoff, der eine chemische Reaktion beschleunigt, selbst aber unverändert bleibt. Manchmal kann schon eine winzige Menge davon große Auswirkungen haben. Der Katalysator vergrößert aber weder die Menge der Endprodukte noch das Gleichgewicht einer Reaktion, denn das würde den Gesetzen der Thermodynamik widersprechen.

Es gibt zwei Arten Katalysatoren: heterogene und homogene. Ein heterogener Katalysator befindet sich in einer anderen Phase als die Reaktanten, meistens handelt es sich um einen festen Stoff (zum Beispiel feines Puder oder ein dünn auf eine große Oberfläche aufgetragener Stoff), während die Reaktanten Gase oder Flüssigkeiten sind. Katalysatoren dieses Typs binden eine der Komponenten der Reaktion so an sich, dass sie deren reaktiven Platz einnehmen. Dies erhöht die Chance, dass ein anderes reaktives Teilchen am richtigen Ort mit ihr zusammenstößt und eine erfolgreiche Reaktion

stattfindet. So funktioniert der Platin- und Palladium-Katalysator im Auspuff Ihres Autos.

Ein homogener Katalysator befindet sich in derselben Phase wie die Reaktanten. Diese Katalysatoren bieten oft einen alternativen Mechanismus oder Reaktionsweg mit einer niedrigeren Aktivierungsenergie und einer schnelleren Kinetik für die Reaktion. Im neuen Reaktionsweg bildet der Katalysator meistens Zwischenstufen in Übergangsphasen. Anschließend wird der Reaktant entkoppelt und in seinen normalen Zustand zurückversetzt.

$$C + AB \longrightarrow CAB \longrightarrow CA + B \longrightarrow C + A + B$$

Dies entspricht der viel einfacheren Gleichung: $C + AB \longrightarrow C + A + B$

• Ein Katalysator verändert den Reaktionsweg, indem er Zwischenstufen auf einem niedrigeren Energieniveau bildet, wodurch weniger Aktivierungsenergie erforderlich ist, um die Reaktion in Gang zu setzen.

ENERGIE

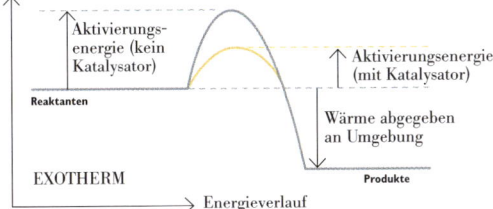

Aktivierungs-
energie (kein
Katalysator)

Aktivierungsenergie
(mit Katalysator)

Reaktanten

Wärme abgegeben
an Umgebung

EXOTHERM

Produkte

Energieverlauf

5 Geschwindigkeit chemischer Reaktionen

DIE AUFGABE:

Chemiker definieren die Geschwindigkeit einer Reaktion anhand der Menge des Endprodukts, das in einer gewissen Zeit entsteht bzw. anhand der Menge Anfangsstoff (Reaktant), der in dieser Zeit verbraucht wird. In der chemischen Industrie sind genaue Kenntnisse der Reaktionsgeschwindigkeiten von großer Bedeutung. So werden zum Beispiel künstliche Düngemittel aus Ammoniakgas (NH_3), hergestellt, das aus Stickstoff und Wasserstoff besteht. Bei der Bestellung eines Düngemittelherstellers müssen Sie wissen, wie viel Ammoniak geliefert werden kann. Nehmen wir an, in einer chemischen Fabrik werden pro Sekunde 0,03 Mol Wasserstoff pro Liter verbraucht, wie schnell verläuft dann die Herstellung von Ammoniak?

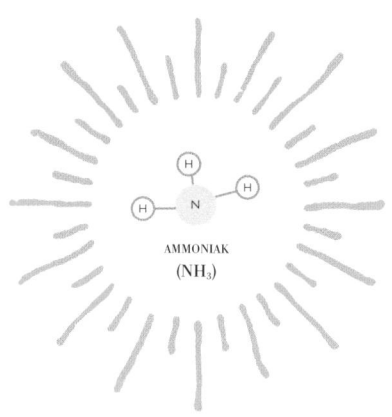

AMMONIAK
(NH_3)

DIE METHODE:

Wir können die Produktionsgeschwindigkeit des Ammoniakgases anhand der Geschwindigkeit berechnen, in der das Wasserstoffgas verbraucht wird? Die molare Masse M ist die molare Masse eines Stoffs in Gramm, die Konzentration ist die Stoffmenge Mol pro Liter Wasser (Mol L^{-1}). Die Geschwindigkeit ist die Veränderung der Konzentration im Verlauf der Zeit, ausgedrückt in Mol pro Liter pro Sekunde (Mol L^{-1} s^{-1}).

DIE LÖSUNG:

Der Verbrauch an Wasserstoffgas für die folgende Reaktion beträgt 0,03 Mol $L^{-1} s^{-1}$:

$$N_2(g) + 3 H_2(g) \longrightarrow 2 NH_3(g)$$
$$1 \qquad 3 \qquad \quad 2 \text{ Mol}$$

Im Vergleich sehen wir, dass für jede 3 Mol Wasserstoff (H_2) 2 Mol Ammoniak (NH_3) entstehen. Um die Geschwindigkeit der Produktion von Ammoniak festzustellen, müssen wir ausrechnen, wie viel Ammoniak pro Mol Wasserstoff produziert wird und dies mit der Geschwindigkeit, in der Wasserstoff in der chemischen Fabrik verbraucht wird, multiplizieren.

$$(2 / 3) \times 0.03 = 0.02 \text{ Mol } L^{-1} s^{-1}.$$

Chemische Reaktionen vollziehen sich mit unterschiedlicher Geschwindigkeit. Die Geschwindigkeit einer Reaktion hängt von verschiedenen Faktoren ab, wie Zustand, Konzentration, Druck (bei Gasen) der Reaktanten, sowie Temperatur und einem eventuell vorhandenen Katalysator. Ein Katalysator ist ein Stoff, der eine Reaktion beschleunigt aber am Ende der Reaktion unverändert bleibt. Diese Reaktion, die unter dem Namen Haber-Bosch-Verfahren bekannt wurde, läuft am besten mit einem Eisenkatalysator bei einem Druck von 150-250 Atmosphären (Pa) und einer Temperatur von 300–550 °C. Das experimentelle Studium der Reaktionsgeschwindigkeit wird als chemische Kinetik bezeichnet. Bei Gasreaktionen spricht man öfter von Partialdruck als von Konzentration.

• Zwischen 1894 und 1911 entwickelte der deutsche Chemiker Fritz Haber eine Methode zur Herstellung von Ammoniak aus natürlichen Stickstoffprodukten, wie Natriumnitrat. Für die Entwicklung dieser Technik, die als Haber-Bosch-Verfahren bekannt wurde, erhielt Haber 1918 den Nobelpreis für Chemie.

GEFÄHRLICHE GIFTMISCHER

Eine der vielen Schriften von Jabir war das *Kitab al-sumum* (Buch der Gifte), ein bahnbrechendes Werk der Toxikologie. Das mittelalterliche Europa verdankt ihm und anderen islamischen Gelehrten ein umfangreiches traditionelles und praktisches Wissen über die Verwendung giftiger Stoffe, das zu den eher makaberen Aspekten der Chemie gehört.

Von Ötzi bis zu den Borgias

Die Beziehung des Menschen zu Chemikalien war schon immer zwiespältig. Chemikalien können sehr nützlich sein, aber auch schaden. Ist ein chemischer Stoff schädlich, so wird er als toxisch – vom griechischen *Toxicon*, Gift auf Pfeilspitzen – oder als Gift bezeichnet. Giftige Chemikalien aus Pflanzen, Tieren oder Mineralien sind schon seit Jahrtausenden bekannt und werden schon ebenso lange benutzt. Der älteste bekannte Vergiftungsfall ist wahrscheinlich Ötzi, die Gletschermumie, dessen gefrorener Körper 5300 Jahre nach seinem Tod in Italien gefunden wurde. Bei der Untersuchung seiner Haare stellte sich heraus, dass Ötzi an einer chronischen Arsenvergiftung gelitten hatte, verursacht durch das Schmelzen von arsenhaltigem Kupfererz.

Arsen wurde erst im Jahre 1250 als

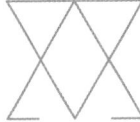

• Das alchemistische Symbol für rotes Arsen (Realgar), ein Arsensulfid (As$_4$S$_4$).

Element isoliert, als der Alchemist Albertus Magnus (ca. 1200-1280) weißes Arsen mit Seife erhitzte. Arsen war aber schon Tausende Jahre früher in Erz (Realgar en Auripigment) bekannt. Schon die alten Römer, Inder und Chinesen kannten die kräftige Wirkung arsenhaltiger Stoffe als Gift- und Arzneimittel. Die Römer stellten das leicht lösliche und folglich besonders giftige Natriumarsenit her, indem sie weißes Arsen mit Natriumsalz erhitzten. Im alten Rom wurden die Arsenmorde zu einer wahren Epidemie, die Ovidius folgendermaßen beklagte: „Der Mann schmachtet nach dem Tod seiner Frau, die Frau nach dem Tod des Mannes; mordlustige Stiefmutter brauten ein tödliches Gift und die Söhne zählten die Jahre ihrer Väter…."

Aber das goldene Jahrhundert der Giftmorde war das Italien der Renaissance. Mit der Wiederentdeckung der Schriften des klassischen Altertums wurden Erkenntnisse der Alchemisten um das Wissen über arsenhaltige Stoffe erweitert. Dabei kamen vor allem Weißarsenik oder Arsentrioxid in großem

Maßstab zum Einsatz. Dieses weiße, geschmacklose Puder konnte Getränken oder Mahlzeiten unbemerkt zugesetzt werden. Die schlimmsten Giftmörder des späten 15. Jahrhunderts waren die

Borgias. Berüchtigt war ihre Methode, ihre Feinde zum Essen einzuladen und ihnen giftige Gerichte vorzusetzen. Angeblich wurden Papst Alexander und sein Sohn Cesare Borgia das Opfer ihres eigenen Komplotts, als sie aus Versehen vergifteten Wein tranken.

Mord zu verkaufen

Vergiften war zwei Jahrhunderte lang eine äußerst populäre Tötungsart. Im Rom des 17. Jahrhunderts vergiftete Hieronyma Spara, eine „berühmte Hexe und Wahrsagerin" – so der viktorianische Historiker Charles Mackay – zahlreiche junge Frauen mit dem *Aquetta di Perugia*, einem geschmacklosen und glasklaren Arsengetränk. Zwar wurde Spara schließlich gefoltert und hingerichtet, aber rasch tauchte eine andere Giftmeisterin auf, die sich Tofania von Neapel nannte und das sogenannte *Aqua Toffana* verkaufte. Diese Substanz war so giftig, dass schon vier Tropfen ausreichten, um ein unerwünschtes Familienmitglied aus dem Weg zu räumen. In Frankreich war dieses Gift unter dem Namen *Poudre de succession* (Erbschaftspuder) bekannt, denn die Täter konnten ihre Erbschaft dann früher antreten.

Obwohl die Herstellung von Giften den ersten Chemikern einen schlechten

• Cesare Borgia starb angeblich, nachdem er aus Versehen von ihm selbst vergifteten Wein getrunken hatte.

Ruf einbrachte, führte das Studium giftiger Stoffe zu wichtigen Fortschritten in der Chemie. Ärzte und Alchemisten wie Paracelsus (s. S. 58-59), Ellenborg und Agricola analysierten spezifische Chemikalien und ihre Wirkungen auf den Körper und klärten damit wichtige toxikologische Prinzipien auf. Zu diesen Prinzipien gehörte die Beziehung zwischen Stoffmenge und Körperreaktion. Mit der Herstellung, Isolierung und Analyse von giftigen Stoffen legten die Proto-Wissenschaftler aus der Renaissance die Grundlage für die analytische Chemie, den Zweig der Chemie, der sich mit der Bestimmung und Analyse von Chemikalien beschäftigt.

DIE ESSIGKUR

Schon in alten sumerischen und akkadischen Texten findet man Abbildungen von Giften verbunden mit dem Rat, Essig zum Neutralisieren der Gifte zu verwenden. Dieser Rat wurde Tausende von Jahren lang befolgt. Wir wissen inzwischen, dass Essigsäure die chemischen Verbindungen der Giftmoleküle tatsächlich angreift und in weniger giftige Bestandteile zerlegt.

DIE ALCHEMIE IN DER RENAISSANCE

Als sich das Wissen der Antike über die islamischen Gelehrten langsam in Europa verbreitete, wurde die Alchemie zur Disziplin für alle, die die Geheimnisse des Weltalls verstehen wollten. Die europäischen Gelehrten im späten Mittelalter und der frühen Moderne wollten im „Buch der Natur" lesen lernen. Die Alchemie galt als Schlüssel zum Entziffern der großen Weisheit.

Die Suche nach dem Stein der Weisen

Der Begriff Alchemie ist vielschichtig. Das auffälligste Ziel war die Verwandlung von unedlen Metallen in Gold. Die Alchemisten hofften, dieses Ziel mit dem Stein der Weisen zu erreichen, einer mythischen Substanz – eigentlich eine Art magischer Katalysator –, dem vielfältige Kräfte zugeschrieben wurden. So behauptet Arnaldus de Villanova (ca. 1238-1310): „Es gibt eine reine Substanz in der Natur, die, einmal entdeckt und perfektioniert, bei Berührung alle unvollkommenen Körper vollkommen machen kann."

In Alchemie-Büchern wie *Die smaragdene Tafel* werden Methoden zur Herstellung dieses Steins der Weisen beschrieben. Die moderne Wissenschaft betrachtete diese magische Substanz als reine Illusion, die nur Scharlatane interessierte. Und natürlich

befanden sich unter den Alchemisten auch viele Narren, die nur aus Habgier handelten, oder Betrüger, die ihren naiven Schutzherrn berauben wollten. Sie besorgten der Alchemie sogar einen so schlechten Ruf, dass Könige und Päpste sie immer wieder verbieten wollten. Aber auch die großen Denker dieser Zeit versuchten sich in der alchemistischen Kunst. Wie der Wissenschaftshistoriker Paul Strathern betonte, war die Alchemie damals die „einzig echte Wissenschaft der Materie", die ein rationales System der Natur entwickeln wollte. Was heute als Magie gilt, wurde damals als eine Art Technik gesehen: die Anwendung von Wissen, um Macht über die Natur zu bekommen.

Im Grunde genommen sind Alchemie und

• Joseph Wright of Derbys berühmtes Gemälde *Der Alchemist auf der Suche nach dem Stein der Weisen* (1771) zeigt eine fantasievolle, mittelalterliche Version der Entdeckung das Phosphors durch den Alchemisten Henning Brand im 17. Jahrhundert.

moderne Wissenschaft aus demselben Antrieb entstanden, nämlich aus der Überzeugung, dass der Mensch durch systematische experimentelle Forschung der Natur ihre Geheimnisse ergründen und sie beherrschen lernen kann. Der Chemiker Justus von Liebig (1803-1873) bemerkte einmal: „Ohne den Stein der Weisen würde die Chemie jetzt ganz anders aussehen. Um herauszufinden, dass es ihn nicht gibt, musste zunächst jeder bekannte Stoff isoliert und analysiert werden."

Das Lebenselixier

Bei der Jagd auf diese ungreifbare Beute machten die Alchemisten der Renaissance wichtige Entdeckungen. Sie entwickelten viele neue Chemikalien und ermöglichten damit die wissenschaftlichen Entdeckungen späterer Naturphilosophen. So isolierte der Kirchengelehrte Albertus Magnus 1250 das Element Arsen. Sein Student Roger Bacon (ca. 1214-1292) entwickelte unabhängig von chinesischen Gelehrten das schwarze Puder, eine Art Schießpulver. Mit seiner Überzeugung, das Experiment sei die beste Methode zur Erforschung der Natur, inspirierte Bacon spätere Gelehrte wie Robert Boyle (s. S. 74-75). Ein Autor des 14. Jahrhunderts, der unter dem Pseudonym „Geber" (wie Jabir in Europa genannt wurde) schrieb und auch „Der falsche Geber" genannt wurde, entdeckte das Vitriol und das *Aqua Fortis*. Vitriol ist Schwefelsäure, ein unentbehrlicher Bestandteil chemischer Analysen. Seine Entdeckung gilt als die wichtigste chemische Entdeckung seit dem

DIE ALCHEMIE UND DER GETRÄNKE-SCHANK

Viele traditionelle Getränke, vom Whisky bis hin zu geheimnisvollen Klosterlikören, verdanken ihren Ursprung der Suche der Alchemisten nach dem Lebenselixier, zum Beispiel das *Aqua Vitae* von Villanova. Ein klassisches Beispiel ist auch der Chartreuse-Likör, der seit 1605 von den Kartäusermönchen in Vauvert nach einem Rezept in einem alchemistischen Manuskript mit dem Titel *Ein Elixier für langes Leben* zubereitet wurde.

Schmelzen von Eisen. Aqua fortis ist eine starke Salpetersäure, mit deren Hilfe später Elemente aus ihren Verbindungen isoliert werden konnten.

Inzwischen führte die Suche nach dem Elixier des Lebens, einer mythischen Substanz die alle Krankheiten genesen und unsterblich machen sollte, zu einem Durchbruch in der pharmakologischen Alchemie, zum Beispiel durch Paracelsus (s. S. 58-59). Arnaldus de Villanovas Überzeugung, Trauben würden die Essenz der Sonne und somit von Gold absorbieren, führte zur Entdeckung destillierten Weins, aus dem er *Aqua Vitae* entwickelte − ein fast reiner Alkohol, der ein wichtiges Instrument für spätere Chemiker werden sollte. Wie die Säuren konnte auch reiner Alkohol als Lösungsmittel für nicht wasserlösliche Stoffe dienen.

LÖSUNGEN

Für die Alchemisten hatte das Auflösen eines Stoffes einen fast magischen Charakter: Mit dem richtigen Lösungsmittel konnte man fast jeden Stoff verschwinden lassen und mittels Verdampfen, Kondensation oder Niederschlag die ursprüngliche Form oder einen neuen Stoff zum Vorschein zaubern. Dieser Kernprozess wird inzwischen besser verstanden und bildet eines der Basiskonzepte der Chemie.

Was ist eine Lösung?

Unter einer Lösung versteht man ein homogenes Gemisch. Das heißt: die Mischung ist überall gleich, oben wie unten. Hierin liegt der Unterschied zu einer Suspension, in der Teilchen eines Stoffes in einem anderen Stoff schwimmen, aus dem man sie herausfiltrieren kann. Eine Lösung besteht aus einem Lösungsmittel und einem oder mehreren darin aufgelösten Stoffen. Der am häufigsten vorkommende Stoff gilt in der Regel als Lösungsmittel.

Lösungsmittel sind meistens flüssig. Die gelösten Stoffe können sich in jeder möglichen Phase befinden. Eine Gasmischung kann homogen sein, ein Beispiel dafür ist unsere Luft. Überall auf der Erde kommen in der Luft auf Meeresspiegelhöhe die gleichen Gase im gleichen Verhältnis vor. Da die Atmosphäre zum größten Teil aus Stickstoff besteht, wird dieser als Lösungsmittel gesehen, während Sauerstoff, Kohlenstoffdioxid usw. die aufgelösten Stoffe sind. Feste Lösungen enthalten Metalllegierungen, Bronze zum Beispiel ist eine Lösung von Zinn in Kupfer.

Gleich sucht gleich

Das bekannteste und am meisten benutzte Lösungsmittel ist Wasser, aber nicht alle Stoffe sind wasserlöslich. Die Faustregel für Löslichkeit lautet „Gleich sucht gleich", wobei sich „gleich" auf Polarität zielt. Polarität ist eine elektrische Eigenschaft mancher Moleküle, die durch spezifische Atombindungen hervorgerufen wird. In einem Wassermolekül, in dem zwei Wasserstoffatome an ein Sauerstoffatom gebunden sind, sind die Elektronen ungleich verteilt, so dass das Sauerstoffatom zum Teil negativ und die Wasserstoffatome zum Teil positiv geladen sind. Dadurch erhält das Molekül einen negativen und einen positiven Pol – wie bei einem Magneten – und wird als polares Molekül bezeichnet. Da Wasser also polar ist, kann es andere polare Stoffe wie etwa Salze, Zucker und Alkohol auflösen. Nicht polare Stoffe wie Öl sind nicht wasserlöslich, lassen sich aber in polaren Lösungsmitteln auflösen, wie zum Beispiel Olivenöl in Erdöl.

DER TYNDALL-EFFEKT

Als Kolloide werden Mischungen bezeichnet, in denen die Größe der gelösten Teilchen zwischen denen einer Lösung und denen einer Suspension liegt (1-1000 nm).

• John Tyndall (1820-1893) schrieb über eine breite Skala an wissenschaftlichen Themen, von der Glaziologie bis zur Experimentalphysik.

Bei dieser Größenordnung sind die manchmal unsichtbaren Teilchen keine echte Lösung, sie sind jedoch klein genug um nicht niederzuschlagen wie in einer Suspension. Eine Möglichkeit um festzustellen, ob es sich bei einer Mischung um ein Kolloid oder um eine Lösung handelt, ist der so genannte Tyndall-Effekt. Ein auf ein Kolloid gerichteter Lichtstrahl wird gestreut und ist dadurch sichtbar, während ein Lichtbündel das auf eine Lösung gerichtet wird, unsichtbar bleibt.

Löslichkeit und Sättigung

Als Löslichkeit eines Stoffes wird die maximale Menge dieses Stoffes bezeichnet, die sich in einem Lösungsmittel auflösen lässt. Dies wird meist in Gramm pro 100 ml Lösungsmittel gemessen (g/100 ml). Die Löslichkeit fester Stoffe ist temperaturbedingt, so dass sich in einer Tasse heißem Tee mehr Zucker auflösen lässt als in einem Glas Eistee. Bei Gasen, die sich in Flüssigkeiten auflösen, gilt dagegen genau das Gegenteil: Je wärmer, umso weniger Gas löst sich auf. Hat sich die maximale Stoffmenge aufgelöst, so sprechen wir von einer gesättigten Lösung. Manchmal ist es möglich, mehr Stoff aufzulösen als das theoretische Maximum erlaubt. In diesem Fall spricht man von einer übersättigten Lösung. Man braucht eine solche übersättigte Lösung manchmal nur zu schütteln, um die überflüssigen Stoffe auszuscheiden.

Die Konzentration einer Lösung ist das Maß für die darin aufgelöste Menge Stoff. Dies lässt sich in verschiedenen Konzentrationseinheiten ausdrücken. Die Stoffmengenkonzentration (veraltet „Molarität" genannt) gibt die Zahl der Mol des aufgelösten Stoffes je Liter Lösung an (s. S. 48-49 für Erläuterungen zum Mol), Teile pro Million werden oft bei Gaslösungen verwendet. Man verwendet also Prozentsätze zur Wiedergabe der Konzentration. Der Prozentsatz kann für Gewicht, Volumen oder eine Konzentration beider Größen definiert werden. So enthalten 100 g Salzlösung mit einer Konzentration von 10% an Gewicht 10 g Salz. Die Konzentrationen alkoholischer Getränke werden in Volumenprozent angegeben, folglich enthält 1 Liter Wein mit einem Alkoholprozentsatz von 12% 120 ml Alkohol.

6 Die Löslichkeit des Wassers

DIE AUFGABE:

In der Medizin wird Bariumsulfat für die Röntgenunter-
suchung des Magendarmkanals verwendet. Obwohl alle
wasserlöslichen Bariumsalze hochgiftig sind, ist das unlösbare
Bariumsulfat („Bariumbrei") unschädlich und kann geschluckt
werden. Bariumsulfat wird als weißes Pigment auch industriell
in Farbstoffen verwendet. Stellen Sie sich vor, Sie arbeiten in
einem Chemieunternehmen, das Bariumsulfat ($BaSO_4$) an
Krankenhäuser liefert. Wieviel Bariumsulfat können Sie aus
einer Lösung mit 50 g Natriumsulfat herstellen?

DIE METHODE:

Bariumsulfat entsteht als Reaktion
zwischen einer Bariumchloridlösung
und einer Sulfatlösung (hier Natriumsulfat, Na_2SO_4). Es bildet dann Kristalle
eines unlösbaren weißen festen Stoffes.
Wenn Sie die Atommassen aller
beteiligten Elemente kennen, können Sie
die Molekülmasse der Ausgangsstoffe und
Produkte für Ihre Reaktion berechnen.
Die Gleichung für die Reaktion von
Bariumchlorid mit Natriumsulfat lautet:

$$BaCl_2(aq) + Na_2SO_4(aq) \longrightarrow BaSO_4(s) + 2\ NaCl(aq)$$

DIE LÖSUNG:

Die Atommassen für die Elemente in der Gleichung lauten: Barium (Ba = 137); Chlor (Cl = 35,5); Natrium (Na = 23); Schwefel (S = 32); und Sauerstoff (O = 16). Damit berechnen wir die relative Molekularmasse der Verbindungen:

Bariumchlorid ($BaCl_2$):
$$37 + (2 \times 35.5) = 208$$

Natriumsulfat (Na_2SO_4):
$$(23 \times 2) + 32 + (16 \times 4) = 142$$

Bariumsulfat ($BaSO_4$):
$$137 + 32 + (4 \times 16) = 233$$

Natriumchlorid (NaCl)
$$23 + 35.5 = 58.5$$

Jetzt können wir die Molekülmassen aller vier Verbindungen in die Gleichung auf der vorigen Seite eingeben:

Wie die Gleichung zeigt, reagieren 208 g $BaCl_2$ mit 142 g Na_2SO_4 und bilden 233 g $BaSO_4$. Da wir eine Lösung mit 50 anstelle von 142 g Natriumsulfat verwenden, ergibt das für den entsprechenden Wert $BaCl_2$ Folgendes:

$$(208 / 142) \times 50 = 73.23 \text{ g } BaCl_2$$

Mit derselben Gleichung, diesmal jedoch mit BaSO4, errechnen wir die Menge des produzierten Bariumsulfats:

$$(233 / 142) \times 50 = 82 \text{ g } BaSO_4$$

Ergebnis: Sie können 82 g Bariumsulfat herstellen.

$$BaCl_2(aq) + Na_2SO_4(aq) \longrightarrow BaSO_4(s) + 2\ NaCl(aq)$$

| 208 | 142 | 233 | 117 |

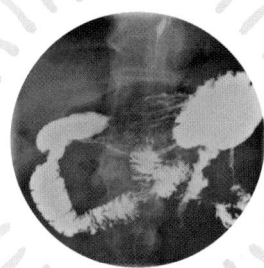

• Röntgenfoto der inneren Organe eines Patienten nach Einnahme von Bariumsulfat. Barium lässt keine Röntgenstrahlen durch und wird oft neben Verbindungen benutzt, die wohl Röntgenstrahlen durchlassen (wie Kohlenstoffdioxid), um damit Abweichungen im Darmkanal sichtbar zu machen.

Paracelsus

Der Arzt und Alchemist Paracelsus (15. Jahrhundert) war eine ebenso umstrittene wie interessante Persönlichkeit. Ihm verdankt die Chemie große Fortschritte, vor allem auf medizinischem Gebiet. Sein eigenständiges Denken ermutigte die Naturphilosophen, die Ketten der Tradition abzuwerfen und neue wissenschaftliche Verfahren zu entwickeln.

Der umherschweifende Gelehrte

Philippus Aureolus Theophrastus Bombastus von Hohenheim (1493-1541) wurde in der Schweiz als Sohn eines Arztes geboren. In der Schule eines Silberbergwerks lernte er die Theorie und Praxis der Mineralogie und Metallurgie kennen. Später wurde er zum „umherschweifenden Gelehrten. Zwar sind die Quellen nicht ganz eindeutig, aber gesichert ist, dass er nach dem Studium der Medizin in Wien, Basel, und Ferrara Militärarzt wurde. Belegt ist auch eine Reise nach Konstantinopel. Weiter heißt es, Paracelsus sei in Ägypten, Arabien und im Heiligen Land von Mystikern, Alchemisten und Ärzten unterrichtet worden und habe seinen Lebensunterhalt mit Astrologie und anderen okkulten Künsten verdient. Paracelsus wurde

später sogar der Nekromantie (Totenbeschwörung) beschuldigt.

1526 kehrte Paracelsus nach Basel zurück und wurde dort schnell berühmt, als er das entzündete Bein des Buchdruckers Froben kurierte, das eigentlich amputiert werden sollte. Er wurde zum Stadtarzt ernannt, behielt diese Stellung aber nicht lange, da er – wie öfter in seiner Karriere – die Autoritäten vor Ort immer wieder gegen sich aufbrachte. So verbrannte er öffentlich die Werke von Galen und Avicenna. Mit der Namensänderung Paracelsus wollte Paracelsus wohl betonen, er überrage Celsus, einen römischen Mediziner und Enzyklopädisten aus dem 1. Jahrhundert. Nach vielen Reisen durch Europa kehrte Paracelsus 1541 wieder in seine Heimatstadt Villach zurück, wo er als Arzt des Herzogs von Bayern angestellt wurde. Er starb bereits im gleichen Jahr.

Ein neuer Forschungsgeist

Paracelsus verdankt seinen Ruf vor allem seinen bahnbrechenden medizinischen Erkenntnissen, mit denen er viele Aspekte der modernen Medizin vorwegnahm. Der Historiker Hugh Trevor Roper würdigte seine Verdienste als die „Einführung der Chemie in die Medizin." Paracelsus verstand als erster, dass bestimmte Stoffe bestimmte Effekte auf den Körper haben und dass diese Effekte von der Dosierung der jeweiligen Stoffe abhängig sind. Er erfand die Quecksilberbehandlung bei Syphilis,

„Alchemie ist die Kunst, das Nützliche vom Unnützen zu trennen, indem sie Stoffe in ihre wahre Essenz verwandelt. Sie erklärt die Eigenschaften aller vier Elemente, also des ganzen Kosmos." *Paracelsus*

DER HOMUNCULUS

Eine der erstaunlichsten Theorien von
Paracelsus bezog sich auf die Erschaffung
des *Homunculus*, des „kleinen
Menschen" (ein künstliches Wesen vor
dem Golem und dem Monster von
Frankenstein). Hiernach sollte Sperma,
magnetisiert und in einem hermetisch
abgeschlossenen Glas in Pferdemist
begraben, sich nach 40 Tagen zu
bewegen und zu leben anfangen. Nach
einiger Zeit würde sich Ähnlichkeit mit
dem Menschen zeigen, auch wenn das
Wesen noch transparent und körperlos
sei. Durch Zusatz eines Blutextrakts
(*Arcanum Sanguinis Hominis*), würde
anschließend ein winzig kleines
Menschenkind entstehen, das man
normal erziehen könne.

• Illustration aus Goethes *Faust*.
Wagner, früherer Student und
Titelheld, arbeitet in seinem
alchemistischen Labor an der
Schöpfung eines Homunculus.

das Betäubungsmittel Äther und entwickelte
das Laudanum (eine Opiumtinktur in Alkohol),
ein schmerzstillendes Universalmittel gegen
viele Beschwerden.

Paracelsus brachte die Alchemie auf den
Weg zur Chemie. Er formulierte eine neue
Theorie der Materie, die davon ausging, dass alle
Stoffe aus drei Grundprinzipien aufgebaut sind,
die *Trias Prima*. Zu dieser Trias gehörten
Schwefel, Quecksilber und Salz, die die
Eigenschaften brennbar, flüssig und hart
verkörperten. Bei der Untersuchung der
chemischen Eigenschaften von Quecksilber, Zink,
Kobalt, Wismut, Kalium, Antimon und anderen
Metallen entdeckte Paracelsus neue Verbindun-
gen. Auch gelang es ihm, Alkohol durch
Einfrieren zu konzentrieren. Paracelsus entwarf

sogar eine proto-wissenschaftliche Nomenklatur
für Chemikalien und eine systematische
Klassifizierung aufgrund ihrer spezifischen
Eigenschaften. Seine größte Leistung war es
jedoch, die traditionelle Lehre radikal in Zweifel
zu ziehen. Die erstarrte Lehre der Scholastik (die
Unterrichtsmethode nach Aristoteles, die auf
Deduktion und dem Primat der Autorität, vor
allem der Kirche beruhte) behinderte den
Fortschritt der Naturphilosophie. Mit seinem
frontalen Angriff auf deren heilige Prinzipien
ebnete Paracelsus den Weg für folgende
Generationen. Paracelsus' Denken verkörperte
einen neuen Forschungsgeist, der spätere
Forscher wie Francis Bacon, Thomas Boyle und
die Gründer der Royal Society beflügeln sollte, so
der Wissenschaftshistoriker Charles Webster.

GEWICHTE UND MASSE

Von Paracelsus stammt der berühmte Ausspruch: „Alle Dinge sind Gift, und nichts ist ohne Gift; allein die Dosis macht's, dass ein Ding kein Gift ist." Mit dieser Feststellung, von modernen Toxikologen als Dosis-Reaktionsverhältnis bezeichnet, nahm Paracelsus eines der wichtigsten (wenn auch unspektakulärsten) Elemente der neuen Chemie vorweg: die Notwendigkeit, alles genau zu messen.

Der prinzipielle Hinweis

Die aristotelische Naturphilosophie war zum größten Teil qualitativ, das heißt, sie behandelte Kategorien, Klassifizierungen, Eigenschaften und Wesensmerkmale. Auch die Alchemie blieb im Wesentlichen qualitativ, obwohl sie schon deutlich Ansätze quantitativen Denkens zeigte, wie vereinzelte Mengenangaben in alchemistischen Manuskripten belegen. Das Wesen der jeweiligen Stoffe blieb aber wichtiger als die benutzte Dosierung. Die Chemie dagegen ist extrem quantitativ, vor allem bei ihrer Suche nach neuen Verbindungen und Elementen. Ohne exakte Messungen der Art und Menge der Reaktanten können Chemiker keine Stoffe identifizieren.

• DIE UNENTBEHRLICHEN INSTRUMENTENBAUER

Nach Ansicht mancher Gelehrten war die Stadt Löwen (Leuven) im heutigen Belgien der Schmelztiegel der modernen Wissenschaft. Hier stellten der Mathematiker und Astronom Gemma Frisius (1508-1555) und sein Schüler Gerard Mercator (1512-1594) als erste Instrumente für wissenschaftliche, geographische und kartographische Zwecke her. Während sich die meisten Gelehrten noch über die „ordinären Handwerker" und Mechaniker" lustig machten, konnten die Naturphilosophen jedoch endlich objektive Vermessungen der Welt durchführen, anstatt sich auf alte Texte zu berufen. Schon bald wurden die Teleskope, Mikroskope und Waagen aus den Werkstätten von Löwen – die Instrumente der wissenschaftlichen Revolution! – in viele Länder verkauft.

• Gemma Frisius, ein Mathematiker der seine Kenntnisse für die Kartographie nutzte. Er wurde einer der führenden Kartographen seiner Zeit.

Die Notwendigkeit einer neuen, auf Messungen beruhenden, Forschungsmethode, wurde schon früh von herausragenden Persönlichkeiten der Wissenschaftsgeschichte betont. Nicolaus Cusanus (1401-1464), Theologe und Naturphilosoph, betrachtete – wie Platon – die materielle Welt als einen Schatten der idealen Welt. Die wahre Art der Dinge könne aber nur mittels der Sprache der Mathematik dargestellt werden: „Die Zahl ist der wahre Weg zur Weisheit". Cusanus testete dieses Prinzip in einem Experiment. Er wog in regelmäßigen Abständen einen Wollballen und bemerkte, dass die Wolle schwerer oder leichter wurde, je nachdem sie mehr oder weniger Feuchtigkeit aufgenommen hatte. Damit wurde die Wolle zu einem Mittel zum Messen der Luftfeuchtigkeit. Mittels einer Waage gelang es ihm auch, das Wasservolumen in runden und viereckigen Behältern zu messen und auf diese Weise die Zahl Pi zu berechnen. Am berühmtesten jedoch wurde sein Experiment, bei dem er eine wachsende Pflanze im Topf immer wieder mit großer Präzision wog. So konnte er nachweisen, dass ihr Gewicht stets um eine winzige Menge zunahm. Damit war klar, dass Pflanzen der Luft einen Stoff entziehen und dass die Luft selbst Gewicht hat.

„Als Diener und Deuter der Natur kann der Mensch nur vernünftig handeln, wenn er seiner Wahrnehmung folgt." *Francis Bacon*

INTERNATIONALES PROTOTYP DES KILOGRAMMS

Was ist ein Kilogramm? Die Masse eines Zylinders einer Platin-Iiridiumlegierung, 39 cm hoch und 39 mm im Durchmesst, verwahrt in Sèvres, Frankreich. Dieser Zylinder, der Internationale Prototyp des Kilogramms, wurde 1879 hergestellt und als das Ur-Kilogramm anerkannt. Leider hat das IPK inzwischen an Masse verloren, bzw. die offiziellen Kopien haben an Masse gewonnen, so dass mancherorts der Ruf nach einem neuen Standard laut wird.

Eine neue Weltstruktur

Auch Galileo Galilei (1564-1642) erkannte die Bedeutung von Messungen. Er unterschied primäre Eigenschaften, die objektiv messbar und deshalb für Experimente geeignet sind, von sekundären Eigenschaften, deren Wahrnehmung subjektiv bleibt. Dieser Unterschied zwischen subjektiv Erkennbarem und dem, was objektiv mittels Messungen und Experimenten nachgewiesen werden kann, wurde zum zentralen Gedanken der neu entstehenden Wissenschaftsphilosophie (s. S. 82-83). Der Staatsmann und Philosoph Sir Francis Bacon (1561-1626) warnte: „Gott verhüte, dass wir einen Traum aus unserer Einbildungskraft für ein reales Dinge in der Welt halten!"

7 Relative Atommasse

DIE AUFGABE:

Ein Student untersucht Küchensalz (Natriumhydrochlorid, NaCl) in seinem Labor und will das Molekulargewicht (M_r) ermitteln. Er sieht im Periodensystem der Elemente nach und will wissen, warum die relative Atommasse von Chlor 35, 453 beträgt. Sein Lehrer erklärt ihm, dass das Element Chlor in der Natur in 2 Isotopen vorkommt: Chlor 35 und Chlor 37 im Verhältnis 3:1. Der Lehrer gibt der Klasse die Aufgabe, die Atommasse zu berechnen.

DIE METHODE:

Zunächst einige wichtige Begriffe zum Verständnis der Aufgabe:

Die *relative Atommasse* (Ar) eines Elements ist die durchschnittliche Masse seiner Isotopen im Verhältnis zum Vorkommen dieser Isotopen in der Natur. Als Isotopen bezeichnet man Atome eines Elements mit einer unterschiedlichen Zahl von Neutronen (s. Übung 16, S.124-125). Chlor hat zum Beispiel zwei Isotopen: Chlor-35 mit 18 Neutronen und Chlor-37 mit

20 Neutronen. Die relative Atommasse von Chlor ist also der Mittelwert der beiden Isotope.

Die *natürliche Häufigkeit* eines Isotops wird als Prozentsatz wiedergegeben und zeigt an, wie oft das Isotop im Verhältnis zu den anderen Isotopen desselben Elementes vorkommt.

Wenn die relative Atommasse eines Elements also von der Masse und der natürlichen Häufigkeit seiner Isotope bestimmt wird, kann man die relative

Atommasse von Chlor berechnen, indem man die mit ihrer natürlichen Häufigkeit multiplizierten Gewichte der beiden Isotope addiert. Bei Chlor mit den Isotopen ^{35}Cl und ^{37}Cl lautet die Gleichung zur Ermittlung des korrekten relativen Atomgewichts also:

$$(\text{Masse } ^{35}\text{Cl} \times \text{Häufigkeit } ^{35}\text{Cl})$$
$$+$$
$$(\text{Masse } ^{37}\text{Cl} \times \text{Häufigkeit } ^{37}\text{Cl})$$

DIE LÖSUNG:

Den Tabellen entnehmen wir, dass:

^{35}Cl eine Atommasse von 34,968853 und eine natürliche Häufigkeit von 24,24% (0,2424) besitzt, das Isotop ^{37}Cl hat ein Gewicht von 36,965903 und eine natürliche Häufigkeit von 75,76% (0,7576).

Wenn man diese Zahlen in die obige Gleichung eingibt, kann man die relative Atommasse von Chlor berechnen:

$$(36,965903 \times 0,2424) +$$
$$(34,968853 \times 0,7576) = 35,453.$$

Das Ergebnis gibt die relative Atommasse im Periodensystem der Elemente wieder. Berechnen Sie mit dieser Formel übungshalber auch einmal die relative Atommasse eines anderen Elements!

• Natriumchlorid bildet ein unendliches Kristallgitter, eine typische Erscheinung für ionische feste Stoffe. Jedes Atom hat sechs Nachbarn, das Gitter hat also eine 6:6 Struktur.

○ Na

○ Cl

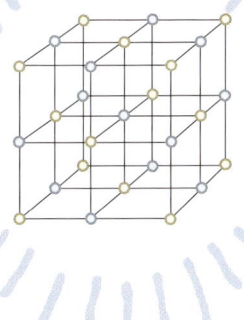

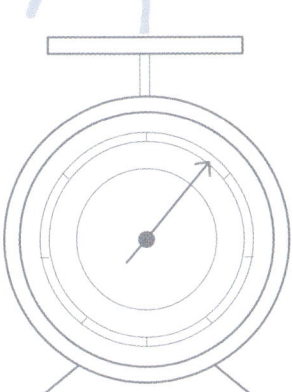

PNEUMATISCHE CHEMIE

Mit seinen Experimenten zum Gewicht der Luft ermöglichte Nicolaus Cusanus ein neues Kapitel in der Geschichte der Chemie: die Pneumatik (vom griechischen Wort *Pneuma*, „Atem"). Zwar war den Alchemisten schon aufgefallen, dass Dämpfe aus ihren Schmelztiegeln und Glaskolben emporstiegen, aber sie hatten sich damit nicht weiter beschäftigt. Dies sollte sich rasch ändern – mit großen Folgen.

Gase als chemisches Prinzip

Im Jahre 1727 fragte sich der englische Priester und Wissenschaftler Stephen Hales (1677-1761) in seinen *Vegetable Staticks*, dem wohl ersten Werk der pneumatischen Chemie: „Müssten wir den abwechselnd festen und flüchtigen Proteus (die Gasphase der Materie) nicht auch zu den chemischen Prinzipien zählen [...], auch wenn die Chemiker dies bisher abgelehnt und erklärt haben, er sei dieses Namens unwürdig?" Gase waren die Stiefkinder der Alchemie, sie wurden von den Alchemisten und Naturphilosophen ignoriert oder falsch interpretiert. Wenn sie schon darüber nachdachten, so galten alle „Dämpfe" als gleich, nämlich ätherisch, dünn und unerkennbar.

Diese Sichtweise änderte sich im 17. Jahrhundert, zunächst durch die Experimente von Jan Baptista van Helmont (s. S. 66-67) und anschließend durch eine Reihe spektakulärer Experimente, die die Existenz des Vakuums bewiesen. Das früheste dieser Experimente war das barometrische Experiment von Evangelista Torricelli (1608-1647) aus dem Jahr 1644.

Dabei füllte Torricelli ein Glasröhrchen mit Quecksilber. Er verschloss das offene Ende mit einem Finger, drehte das Röhrchen um und steckte es in ein Gefäß mit Quecksilber. Als er den Finger wegzog, senkte sich der Pegel des Quecksilbers im Röhrchen ein wenig und blieb anschließend stehen. Der obere Teil des Gläschens war jetzt leer, ein Vakuum, so behauptete Torricelli. Dies widersprach der Theorie der alten Lehre, dass die Natur keine Leere kenne. Außerdem betonte Torricelli, dass es der Luftdruck auf das Gefäß sei, der das Quecksilber im Röhrchen an seiner Stelle halte. Mit anderen Worten: Luft hat Gewicht!

Gesetze für ideale Gase

Wie diese Experimente zeigten, hat Luft Masse und Gewicht, während das Vakuum tatsächlich ein leerer Raum ist. Naturphilosophen wie Boyle (s. S. 74-75) hielten dies für einen eindeutigen Beweis für die Atomtheorie der Materie: sie bestehe aus winzigen Teilchen, die durch leeren Raum voneinander getrennt sind. Dieses Modell führte schließlich zu einer

Theorie über das Verhalten von Gasen, die sogenannte Kinetische Gastheorie.

Ein ideales Gas hat folgende Eigenschaften:

• Alle Teilchen eines Gases – egal ob Atome oder Moleküle – verhalten sich gleich. Die Teilchen sind im Verhältnis zum gegenseitigen Abstand so klein, dass sie eigentlich kein Volumen einnehmen. Sie können deswegen – im Unterschied zu Flüssigkeit oder festem Stoff – zusammengepresst werden.
• Die Gasteilchen bewegen sich willkürlich in geraden Linien, bis sie irgendwo zusammenstoßen, was den Druck eines Gases hervorruft. Dank dieser ständigen, willkürlichen und einförmigen Bewegung können sich Gase gleichmäßig vermischen.
• Die Anziehungs- und Abstoßungskräfte zwischen den Teilchen sind vernachlässigbar gering. Teilchen können deshalb als völlig unabhängig voneinander betrachtet werden, sie drehen sich wie winzige Kugellager.
• Die durchschnittliche kinetische Energie der Teilchen bestimmt die Temperatur des Gases.

• DIE MAGDEBURGER HALBKUGELN

1650 baute der Magdeburger Militäringenieur und Bürgermeister Otto von Guericke (1602-1686) eine Wasserpumpe zu einer Luftpumpe um, damit er Luft aus Fässern pumpen und somit ein Vakuum erzeugen konnte. Er bewies, dass Geräusche das Vakuum nicht durchdringen können, dass Holz dort nicht brennt und Tiere dort nicht atmen können. Im Jahre 1654 veranstaltete er in Anwesenheit von Kaiser Ferdinand III sein berühmtes Experiment mit Halbkugeln. Dazu wurden zwei kupferne Halbkugeln so einander gelegt, dass sie eine Kugel bildeten, die über ein Ventil luftleer gepumpt wurde. Anschließend sollten zwei Pferdegespanne mit je acht

Pferden versuchen, die beiden Halbkugeln voneinander zu trennen. Obwohl die Kugeln nur durch das Vakuum zusammengehalten wurden, gelang es den Pferden nicht sie zu trennen.

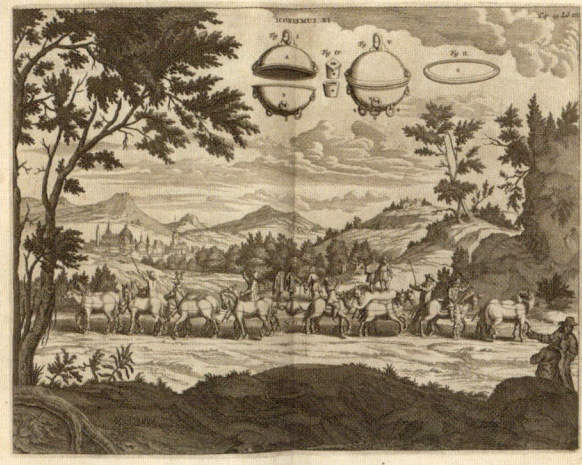

• Kupferstich des Versuchs mit den Magdeburger Halbkugeln und den zwei Gespannen mit 16 Pferden, denen es nicht gelang, die mittels eines Vakuums zusammengepressten kupfernen Halbkugeln zu trennen.

Jan Baptista van Helmont

Der Vater der pneumatischen Chemie war ein flämischer Edelmann mit einer Vorliebe für Mystik und Esoterik. Er führte aber auch das erste kontrollierte Experiment auf dem Gebiet der Biochemie durch, mit dem er viele Entwicklungen und Gesetze der Chemie vorwegnahm. Seine bahnbrechenden Experimente führten ihn zu bahnbrechenden Schlussfolgerungen, die ihrer Zeit um Jahrhunderte voraus waren.

Einsiedler und Forscher

Jan Baptista van Helmont (1579-1644) war ein flämischer Arzt und Alchemist aus adliger Familie. Nach seinem Studium an der Universität in Löwen und mehreren Reisen durch Europa zog er sich auf sein Landgut zurück, um sich der Mystik und wissenschaftlichen Forschung zu widmen. Obwohl er zutiefst religiös war, geriet er in Konflikt mit der katholischen Kirche, die ihm vorwarf, dass die Wirkung einer von ihm entwickelten Salbe auf Magie beruhe. Van Helmond beharrte darauf, dass die Wirkung des „Sympathetischen Pulvers" – zur Behandlung von Schnittwunden – auf einem natürlichen Phänomen beruhe. Schließlich wurde er zu Hausarrest und zum Schweigen verurteilt. Erst 1648 konnte sein Sohn seine gesammelten Werke posthum unter dem Titel *Ortus Medicinae* (der Ursprung der Medizin) veröffentlichen.

Der Schoß des Wassers

Van Helmonts berühmtestes Experiment war eine Erweiterung und Verbesserung eines Experiments von Nicolaus Cusanus aus dem 15. Jahrhundert. In seinem posthum veröffentlichten Buch beschrieb er es wie folgt: „Ich nahm einen Kübel und füllte ihn mit 200 Pfund Erde, die ich in einem Ofen getrocknet hatte [...]. In die Erde pflanzte ich einen Weidenbaum mit einem Gewicht von fünf Pfund und ungefähr drei Unzen [...]." Van Helmont verschloss den Kübel mit einem Deckel aus Zinn und gab der Pflanze nur destilliertes Wasser. Nach fünf Jahren grub er den Baum wieder aus und stellte fest, dass er inzwischen 169 Pfund wog. Dann trocknete er die Erde im Kübel und wog sie erneut. „Die Erde wog immer noch 200 Pfund, ca. 2 Unzen weniger. Also haben sich 164 Pfund Holz, Rinde und Wurzeln nur aus Wasser gebildet."

Da die Fotosynthese damals noch nicht entdeckt war, folgerte Van Helmont, der Baum habe Wasser in Holz, Rinde und Blätter verwandelt. Seine alchemistischen Forschungen hatten bereits gezeigt, dass sogenannte „substanzielle Körper" in Wasser verwandelt werden können, wenn man sie in Säure auflöst. Dies alles war für ihn Beweis dafür, dass das Wasser den Hauptbestandteil aller Materie bilde. „Alle Mineralien finden ihren Ursprung im Schoß des Wassers [...]" (wie Thales bereits vor 2000 Jahren gesagt hatte).

• Van Helmont weigerte sich, die Examensurkunde der Löwener Universität entgegenzunehmen, er habe dort nichts gelernt!

DIE WAFFENSALBE (SYMPATHETISCHES PULVER)

Eines der magischen Prinzipien der Alchemie ist das „sympathetische Pulver": der Glaube, dass Objekte oder Stoffe die einmal miteinander vereint waren, sich auch weiterhin beeinflussen. Davon ausgehend entwickelte Paracelsus eine Theorie, die Van Helmont übernahm. Danach könne eine im Kampf erlittene Wunde geheilt werden, indem man auf die Schneide der Waffe eine sogenannte Waffensalbe mit den folgenden Ingredienzen aufträgt: Moos aus dem Schädel eines durch Gewalt umgebrachten Menschen, Fett von Schweinen und Bären, die während der Paarung getötet wurden, verbrannte Würmer, getrocknetes Schweinehirn, rotes Mandelholz und Mumienpulver. Die Salbe könne auch dann auf der Waffe angebracht werden, wenn der Verletzte sich woanders befinde. Auch der Wunsch des Verletzten nach Heilung sei nicht erforderlich, denn die Heilung erfolge ohne sein Mitwissen [...]."

Luftgeister

Obwohl er von der Bedeutung von Kohlenstoffdioxid beim Pflanzenwachstum noch nichts wusste, behauptete Van Helmont – als erster – seine Existenz. Anlass war ein weiteres bahnbrechendes Experiment. Er verbrannte 28 Kilo Holzkohle und stellte daraufhin fest, dass die Asche ganze 50 Gramm wog. Van Helmont war überzeugt, dass Materie nicht vernichtet, sondern nur in andere Formen umgesetzt werden könne. Damit nahm er implizit den Massenerhaltungssatz vorweg, der erst 100 Jahre später formuliert werden sollte. Van Helmont zeigte zum Beispiel auch, dass sich in Säure aufgelöstes Metall ohne Gewichtsverlust wieder zurückgewinnen lässt. Daraus zog er den Schluss, die fehlende Materie sei in Form eines Dampfes oder Luftgeistes entwichen. Er benannte ihn nach dem griechischen Wort für Chaos: „Ich gebe diesem Geist, der bis jetzt unbekannt war, den neuen Namen Gas. Er kann nicht durch Fässer eingeschlossen oder auf einen sichtbaren Körper reduziert werden." Dem Gas der brennenden Holzkohle gab Van Helmont den Namen Spiritus Sylvester (Waldgeist). Bei anderen Verbrennungsexperimenten identifizierte er andere Formen des Spiritus Sylvester, das Gas Carbonum sowie das Gas Pingue. Heute kennen wir diese Gase unter den Namen Kohlenstoffdioxid, Kohlenstoffmonoxid und Distickstoffmonoxid (Lachgas).

8 Die Luft die wir atmen

DIE AUFGABE:

Ohne Kohlenstoffdioxid ist kein Leben auf der Erde möglich. Bei der Photosynthese entziehen es Pflanzen der Luft und produzieren daraus mittels Sonnenlicht Energie in Form von Zuckerverbindungen. Als Abfallprodukt wird Sauerstoff frei. Leider wird bei der Verbrennung fossiler Brennstoffe auch das Treibhausgas CO_2 frei, das für die weltweite Klimaveränderung verantwortlich ist. Vor diesem Hintergrund lautet die Frage: Wie viel CO_2 wird bei der Verbrennung von 50 Litern Benzin ausgestoßen?

DIE METHODE:

Die Atmosphäre der Erde besteht hauptsächlich aus vier Gasen: Stickstoff (78,084%), Sauerstoff (20,948%), Argon (0,934%) und Kohlenstoffdioxid (0,0314%), sowie Spuren anderer Gase und 1,5% Wasserdampf. Benzin enthält eine Mischung aus Kohlenwasserstoffen, vor allem Isooctan und Heptan, Hexan und Pentane, die wie der Name schon sagt aus Kohlenstoff und Wasserstoff bestehen.

Einfachheitshalber nehmen wir an, das Benzin vor allem aus Isooctan besteht (C_8H_{18}). Die vereinfachte chemische Reaktion im Automotor besteht aus der Verbrennung von Isooctan mit Luft (Sauerstoff):

$$2\ C_8H_{18} + 25\ O_2 \longrightarrow 16\ CO_2 + 18\ H_2O$$

Diese Gleichung verwendet zwei Moleküle Isooctan (C_8H_{18}), aber einfachheitshalber verweisen wir ab jetzt auf ein Molekül. Dies heißt, dass anstelle der 16 Moleküle in der Gleichung nur acht Moleküle Kohlenstoffdioxid produziert werden.

DIE LÖSUNG:

Jedes verbrannte Molekül Isooctan produziert acht Moleküle CO_2. Mithilfe der relativen Atommasse für Kohlenstoff ($C = 12$), Wasserstoff ($H = 1$) und Sauerstoff ($O = 16$), können wir berechnen, dass 1 Mol Isooctaan (C_8H_{18}) 114 g und 1 Mol CO_2-Gas 44 g wiegen.

Jetzt wissen wir das Gewicht von 1 Mol Isooctan und Kohlenstoffdioxid. Der folgende Schritt besteht im Errechnen der Menge Gramm Isooctan und damit Kohlenstoffdioxid in 50 Liter Benzin. Isooctan hat eine Dichte von 0,6919 Gramm je Milliliter, folglich enthält 1 Liter Benzin 691,9 Gramm Isooctan. Wenn wir dies auf Mol umrechnen, können wir die Menge Kohlenstoffdioxid in diesem Liter Treibstoff errechnen:

$691,9 / 114 = 6,07$ Mol Isooctan

Mithilfe der Gleichung auf der vorigen Seite können wir jetzt die Menge CO_2 im gleichen Liter Benzin ermitteln:

$6,07$ x 8 (Moleküle) x 44 (Gewicht in Gramm) $= 2137$ g oder 2,14 Kilogramm CO_2.

50 Liter Benzin verursachen deshalb 107 Kilogramm ($2,14$ x 50) CO_2.

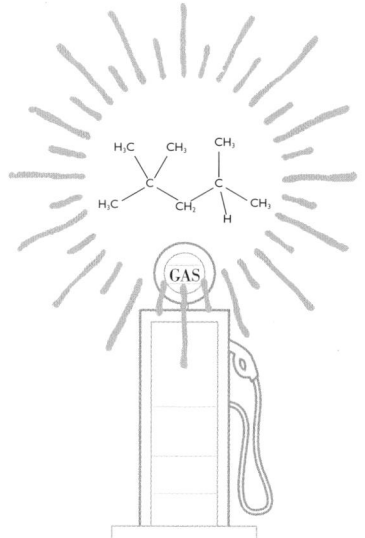

• Isooctan, der wichtigste Kohlenwasserstoff im Benzin, hat acht Kohlenstoffatome. Damit werden zahlreiche potentielle Strukturen oder Isomere möglich, die sich in ihren chemischen Eigenschaften alle etwas unterscheiden.

SÄUREN UND BASEN

Seit alters her wird in der Chemie zwischen Säuren und Basen unterschieden. Erstere schmecken sauer und können Erden und Metalle auflösen, letztere schmecken bitter und fühlen sich oft seifig an. Eine dritte Stoffklasse war als Salze bekannt, bis Ende des 17. Jahrhunderts entdeckt wurde, dass Salze ein Produkt von Verbindungen zwischen Säuren und Laugen sind. Stoffe, die mit Säuren reagieren, und Salze (einschließlich Metallsalze) bilden werden als „Basen" bezeichnet.

Das Gewebe der Chemie

Bei der Entwicklung der Chemie zur Wissenschaft spielte der Gegensatz zwischen Säuren und Basen eine zentrale Rolle. William Whewell (1794-1866), Philosoph und Wissenschaftshistoriker, hielt dieses Gegensatzpaar sogar für so bedeutsam, dass er das gesamte Gewebe der Chemie auf den Gegensatz zwischen Säuren und Basen zurückführte.

Alkalische Stoffe waren seit dem Altertum in Form von Soda (Natriumcarbonat) und Pottasche (Kaliumcarbonat) bekannt. Sie wurden gewonnen, indem man Holzasche (ein Abfallprodukt der Seifen- und Glasherstellung) in Wasser auflöste und anschließend extrahierte. Dabei unterschied man feste (also nicht flüchtige) alkalische Stoffe wie Soda und Pottasche von flüchtigen alkalischen Stoffen wie Ammoniak, der bei der Zersetzung von Urin entsteht. Zu den festen alkalischen Stoffen kamen später alkalische Erden, die Bezeichnung für Calciumcarbonate aus Kreide und Kalkstein.

Organische Säuren, wie Essig und Zitronensaft kannte man schon im Altertum. Die Alchemisten aus dem islamischen Raum und mittelalterlichen Europa verwendeten Essigöl (gereinigte Essigsäure) und anorganische Säuren, die viel stärker waren. Zur letzten Kategorie gehörten Salzöl (Salzsäure), Salpeteröl (Salpetersäure) und Vitriolöl (Schwefelsäure). Ihre Reaktionen mit alkalischen Stoffen konnten sehr heftig sein, sie verursachten Brodeln und Hitzeentwicklung. Der Gegensatz zwischen Basen und Säuren entsprach den alchemistischen Vorstellungen über männliche und weibliche Stoffe. Die Erklärung ihrer Wirkung und desjenigen, was sie sauer oder alkalisch machte, war jedoch schwierig. Man konnte dies nur zirkulär definieren, bis Robert Boyle (s. S. 74-75) eine Klassifizierungsmethode mit Hilfe von Pflanzenextrakten entwickelte. Er entdeckte, dass sich blaues Veilchenöl durch Säuren rot, durch alkalische Stoffe jedoch grün verfärbt.

SÄUREN UND BASEN
IM ALLTAG

Jeder von uns hat vermutlich zuhause eine ganze Menge Säuren und Basen (= alkalische Stoffe). Typische Haushaltssäuren sind Essig (Essigsäure), Kohlensäure in Soda und Sodawasser (wird gebildet wenn Bläschen Kohlenstoffdioxid sich in Wasser auflösen); Acetylsalicylsäure in Aspirin und Schwefelsäure in einer Autobatterie. Typisch alkalische Produkte sind die Reinigungsmittel Ammoniak und Lauge (Natriumhydroxid), Reinigungssalz (Natriumbicarbonat), sowie magensäurehemmende Arzneimittel wie Calciumcarbonat und Aluminiumhydroxid.

$$HCl(aq) \longrightarrow H^+ + Cl^-$$
$$NaOH(aq) \longrightarrow Na^+ + OH^-$$

In diesem Schema sind die Reaktionen zwischen Säuren und Basen Neutralisierungsreaktionen, denn die Produkte sind Wasser und neutrales Salz:

$$HCl(aq) + NaOH(aq) \longrightarrow$$
$$H_2O(l) + NaCl(aq)$$

Säuregrad und Maskulinität

Im Laufe der Zeit wurde immer mehr darüber bekannt, wie Säuren und Basen wirken. Nach den alchemistischen Theorien über gegensätzliche Prinzipien entstanden Theorien, die den Säuregrad mit dem sogenannten Phlogiston in Verbindung brachten (s. S. 88-89). Zunächst wurde Sauerstoff als bestimmender Faktor für den Säuregrad betrachtet, bis John Davy zeigte, dass Salzsäure (HCl) keinen Sauerstoff enthält und dass Wasserstoff den Säuregrad verursacht. Im späten 19. Jahrhundert definierte Svante Arrhenius eine Säure als einen Stoff, der ein Wasserstoffion erzeugt, und Alkaline, ein Stoff der ein Hydroxidion hervorbringt, wie in den Gleichungen für Salzsäure und Natriumhydroxide:

Das Wasser entsteht, wenn ein Wasserstoffion der Säure und ein Hydroxidion der Base zusammentreffen.

Das Modell von Arrhenius reicht für in Wasser gelöste Säuren und Basen aus, aber nicht für Säuren-Base-Reaktionen zwischen Gasen: So produzieren zum Beispiel Ammoniak und Chlorwasserstoff zusammen das feste Ammoniumchlorid. Um solche Reaktionen zu erklären, bedurfte es einer allgemeineren Theorie über Säuren und Basen. Die so genannte Brønsted-Lewis-Theorie definiert Säuren als Protonendonoren (d.h. sie geben Elektronen ab) und Basen als Protonenakzeptoren (d.h. sie nehmen Elektronen auf). Die H^+- und OH-Formel des Arrhenius-Modells sind danach lediglich spezielle Beispiele für einen Protonen- und einen Elektronendonor.

9 Säure-Base-Titrierung

DIE AUFGABE:

Im Prüflabor eines Lebensmittelunternehmens soll die genaue Konzentration einer 50 ml Salzsäurelösung mittels Titration mit einer Standard 0,1000 Mol-Lösung mit dem alkalischen Natriumhydroxid festgestellt werden. Ein Indikator für die benötigte Alkalimenge zur Neutralisierung der Salzsäure ist praktisch. Wie wird die Konzentration berechnet?

DIE METHODE:

Die Konzentration einer Säure oder Base in einer Lösung wird durch Titrierung ermittelt. Dabei wird der Säurelösung eine Basenlösung hinzugefügt (oder umgekehrt), wobei die Veränderung entweder der Farbe oder des pH-Wertes anhand einfacher Indikatoren kontrolliert werden kann. Bei dieser Übung wird der Salzsäurelösung eine Basenlösung hinzugefügt, bis sich die Farbe der Lösung verändert (der Umschlagpunkt) oder die Säure neutralisiert wird (der Äquivalenzpunkt). Der Umschlagpunkt wird mit einem chemischen Indikator wie Phenolphtalein gemessen, der Äquivalentpunkt mit einem PH-Messgerät.

Bei dieser Übung reagiert 1 Mol Natriumhydroxide (NaOH) mit 1 Mol Salzsäure (HCl) in Wasserlösung, die Endprodukte sind Salz und Wasser. Dies bedeutet, dass bei gleicher Konzentration beider Lösungen 50 ml Base 50 ml Säure vollständig neutralisieren: die Neutralisationsreaktion. Allerdings wird bei anderen Reaktionstypen beim Äquivalenzpunkt die Lösung nicht immer neutralisiert. Die Gleichung lautet:

$$NaOH(aq) + HCl(aq) \longrightarrow NaCl(aq) + H_2O(l)$$

Die Natriumoxidlösung wird mittels einer Bürette (einem Messröhrchen, das die genaue Menge Lösung misst) in die Salzsäurelösung geträufelt. Sobald der Umschlag- oder Äquivalenzpunkt erreicht wird, lässt sich die genaue Konzentration Salzsäurelösung berechnen. Dazu müssen wir die Konzentration der hinzugefügten Natriumoxidlösung sowie die zur völligen Neutralisierung der Säurelösung erforderliche Menge wissen.

DIE LÖSUNG:

Nach der Titrierung stellen wir fest, dass 25 ml Basenlösung die Säurelösung neutralisiert haben. Am Äquivalenzpunkt sind die Anzahl Säure-Mol und Base-Mol gleich groß. Angesichts dieses 1:1 Mol-Verhältnisses lautet die zu lösende Gleichung:

$$M \text{ NaOH} \times V \text{ NaOH} = M \text{ HCl} \times V \text{ HCl}$$

Dabei ist M die Konzentration von Base und Säure, und V das Volumen der Lösung.

Das Ergebnis lautet: Die Konzentration der Basenlösung beträgt 0,1 Mol; das Volumen der Säurelösung beträgt 50 ml. Zur Neutralisierung der Säurelösung braucht man 25 ml der Basenlösung. Mit diesen Werten lässt sich die Gleichung lösen:

$$0,1 \times 25 = MHCl \times 50ml$$

$$MHCl = (0,1 \times 25) / 50 = 0,05$$

Die Konzentration der 50 ml Salzsäurelösung beträgt damit 0,05 Mol dm^{-3}.

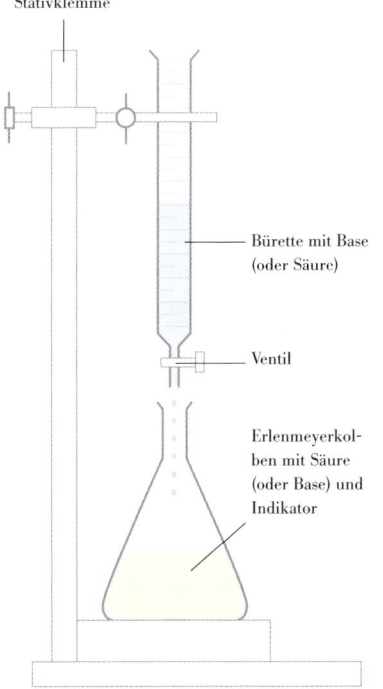

Stativklemme

Bürette mit Base (oder Säure)

Ventil

Erlenmeyerkolben mit Säure (oder Base) und Indikator

• Instrument zur Titrierung von Säuren und Basen. Mit der Bürette lässt sich genau feststellen, wie viel Reaktionsmittel zur Neutralisierung der Probelösung erforderlich ist.

Robert Boyle

Die vielen alchemistischen Entdeckungen führten schließlich zum Bruch mit der Vergangenheit und einem wissenschaftlichen Konzept der Chemie. Dieser Bruch vollzieht sich im Leben und Werk von Robert Boyle, einem britisch-irischen Adligen, dessen Entdeckungen in der experimentellen und pneumatischen Chemie ihm den Titel „Vater der wissenschaftlichen Chemie" einbrachten.

Seine größte Freude

Als Sohn des steinreichen 14. Herzogs von Cork erhielt Robert Boyle (1627-1691) alle Möglichkeiten zum Studieren und Reisen. Nach seinem Theologiestudium wurde er durch Kontakte mit Naturphilosophen und Alchemisten mit den Ideen Francis Bacons bekannt (s. S. 61-62). 1650 lernte er den amerikanischen Alchemisten George Starkey (1628-1665) kennen, der ihn theoretisch und praktisch in die Alchemie einführte und ihm die Kunst des „Chymist" beibrachte. Chemie galt damals als eine anrüchige Beschäftigung, die sowohl normale Tätigkeiten eines Handwerkers (wie Apotheker oder Metallarbeiter) als auch die esoterische Suche nach dem Stein der Weisen und die Verwandlung in Gold umfasste.

Um 1660 zog Boyle nach Oxford, wo er bahnbrechende Experimente durchführte. Dabei hatte er ein deutliches Ziel vor Augen: Eine Symbiose zwischen dem experimentellen Wissen und den Einsichten der praktischen Chemiker und der hohen Idealen der Naturphilosophie, die nach Erklärungsmodellen für das gesamte Weltall („Weltsysteme") suchten. 1668 zog Boyle nach London und gründete dort zusammen mit anderen Gelehrten die Royal Society. Sie war zunächst ein informeller Zirkel, der zum größten Teil aus Fachkollegen bestand. Boyles Arbeiten wurden in ganz Europa publiziert und machten ihn berühmt. In seiner Sammlung von Kurzbiografien *Brief Lives* (1681) beschrieb ihn John Aubrey auf einprägsame Weise:

„Er ist sehr groß (ca. 1.80 m), sehr beherrscht, tugendhaft und sparsam. [...] Seine größte Freude ist die Chemie. Er besitzt ein imponierendes Labor mit mehreren Dienern (für ihn Lehrlinge). Er ist großzügig für kreative Menschen in finanziellen

„Ich habe festgestellt, dass normale Luft, komprimiert auf ihr halbes Volumen, fast zweimal so viel Druckkraft entfaltet als vorher. " *Robert Boyle*

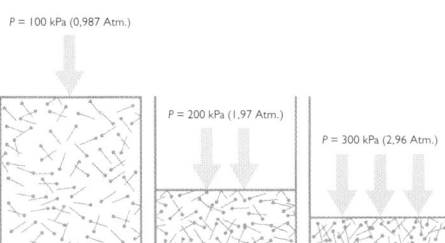

P = 100 kPa (0,987 Atm.)

P = 200 kPa (1,97 Atm.)

P = 300 kPa (2,96 Atm.)

v = 6 dm³ (6 Liter)   v = 3 dm³ (3 Liter)   v = 2 dm³ (2 Liter)

• **Boyles Gesetz in der Praxis:** Um das Volumen zu halbieren, muss der Druck verdoppelt werden. Eine Verdreifachung bringt das Volumen auf ein Drittel zurück.

Nöten und viele internationale Chemiker haben seine Großzügigkeit bereits erfahren, denn keine Kosten sind ihm zu hoch, um seltene Geheimnisse zu ergründen."

Der skeptische Chemiker

Zu Boyles chemischen Entdeckungen gehört ein Farbtest für Säuren, zahlreiche medizinische Behandlungen sowie umfangreiche Forschungen mit Luftpumpen und Vakuum. Dies führte ihn zum bekannten Boylschen Gesetz: „Druck und Volumen sind umgekehrt proportional." Dies bedeutet: Wenn man ein Gas auf die Hälfte seines Umfangs komprimiert, verdoppelt sich der Druck. Boyle formulierte auch eine der ersten Definitionen des Begriffs Element: „Bestimmte primitive oder einfache oder völlig ungemischte Körper, die nicht aus anderen Körpern oder auseinander bestehen, bilden die Bestandteile, aus denen die sogenannten vollkommenen gemischten Körper zusammengesetzt sind, und in die sie zuletzt aufgelöst werden."

Boyle wurde zum begeisterten Anhänger des Atomismus, obwohl er den Begriff „Corpusculus" vor „Atom" bevorzugte. Für Boyle bedeutete der Corpusculismus den Bruch

mit der vorwissenschaftlichen aristotelischen Chemie. Seine Experimente dienten dazu, die neue Theorie zu erläutern und verteidigen. In seinem „Essay über Salpeter" zeigte er, wie man die chemischen Eigenschaften von Salpeter (einem Bestandteil des Schießpulvers) völlig im Rahmen der Größen und Bewegungen der Corpuscula erklären könne, ohne dass man dazu Begriffe wie „Form" oder „Eigenschaft" benötige.

In seinem berühmtesten Buch *The Sceptical Chymist* (1661) versucht er, die altmodische Lehre der vier Elemente und der Tria Prima von Paracelsus zu widerlegen (s. S. 59) und gleichzeitig die „normalen Chemiker" davon zu überzeugen, dass sie einen philosophisch fundierten Ansatz zum Studium der Natur brauchen. Boyles Ruhm als „Vater der wissenschaftlichen Chemie" beruht eher auf diesem philosophischen Ansatz als auf seinen tatsächlichen Entdeckungen.

BOYLES WUNSCHLISTE

Die Royal Society in London hat vor kurzem Boyles Notizbücher ausgestellt: eine Art Wunschliste für zukünftige Wissenschaft. Außer Forschung nach bewusstseinserweiternden und schmerzstillenden Mitteln bezweckte Boyle mit der „Erreichung riesiger Größe" wohl auch Untersuchungen, um die menschliche Rasse größer zu machen.

10 Die Gasgesetze

DIE AUFGABE:

In Aufgabe 5 haben wir gemessen, wie schnell Wasserstoffgas in einer Reaktion verbraucht wird. Jetzt wollen wir messen, welche Folgen eine Druckerhöhung auf das Volumen von Wasserstoffgas hat. Eine bestimmte Menge Wasserstoffgas in einem Behälter mit 350 cm³ erzeugt bei 600 °C einen Druck von 103 Atmosphären. Welches Volumen hat das Gas bei einem Druck von 150 Atmosphären?

DIE METHODE:

Das Boylesche Gesetz lehrt uns, dass der Druck eines Gases (P) bei konstanter Temperatur umgekehrt proportional zu seinem Volumen ist. Dies drückt man aus mittels der Formel P x V = [eine Konstante]. Anders ausgedrückt: $P_1V_1 = P_2V_2$. Mittels dieser Gleichung können wir das neue Volumen errechnen.

DIE LÖSUNG:

Wählt man die Formel $P_1V_1 = P_2V_2$, so notiert man sich die bekannten und unbekannten Werte. In diesem Fall:

$P_1 = 103$ Pa
$V_1 = 350$ cm^3
$P_2 = 150$ Pa

V_2 ist der unbekannte Wert, den wir ermitteln wollen. Anschließend kann man sich vorstellen, was geschieht: Wenn der Druck um beinahe die Hälfte steigt, wird das Volumen um beinahe die Hälfte sinken, da der Druck bei konstanter Temperatur umgekehrt proportional zum Volumen ist. Um den unbekannten Wert von V_2 zu finden, passen Sie die Originalgleichung V_2 an. Schließlich runden Sie den erhaltenen Wert von V_2 auf die richtige Anzahl der signifikanten Zahlen ab.

Also, $P_1V_1 = P_2V_2$ und deshalb $V_2 = P_1V_1 / P_2$

Jetzt werden die bekannten Werte eingegeben:

$V_2 = 103$ Pa x 350 cm^3 / 150 Pa = $240{,}333333$ cm^3

Damit beträgt das neue Volumen 240 cm^3.

Das Boylesche Gesetz wird meistens mit den Gesetzen von Charles und Gay-Lussac in den sogenannten *kombinierten Gasgesetzen* kombiniert: $P_1V_1 / T_1 = P_2V_2 / T_2$, wobei T für Temperatur steht. Bei konstanter Temperatur, wenn die Werte von T_1 und T_2 identisch sind, entspricht diese Formel der Formel unserer Berechnung aus dem Boyleschen Gesetz. Boyle war als Naturphilosoph bekannt, und obwohl sein Werk Berührungspunkte mit unserer heutigen Chemie, Physik, Technik und sogar Theologie aufweist, lagen seine Wurzeln in der alchemistischen Tradition. Trotzdem gilt Boyle heute als der erste moderne Chemiker, und in vielen Bereichen – von der chemischen Industrie bis zur Technik – ist sein Gesetz noch immer von großer Bedeutung.

• Hier sieht man, wie – dem kombinierten Gasgesetz entsprechend – das Verhältnis zwischen der Temperatur eines Systems und dem Produkt von Druck x Volumen konstant bleibt.

Durchschnittliche Temperatur durchschnittlicher Druck	niedrige Temperatur hoher Druck	hohe Temperatur niedriger Druck

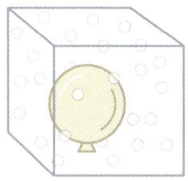

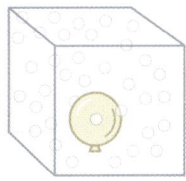

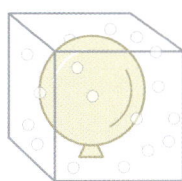

KOVALENTE UND IONENBINDUNGEN

Bevor wir uns weiter mit der Chemie als Wissenschaft beschäftigen, erläutern wir zunächst das Konzept der chemischen Bindung und die beiden Haupttypen chemischer Bindungen. Dieses Prinzip besagt, dass Elektronen die Neigung haben sich im Raum zwischen den Atomen zu verteilen, um die Gesamtenergie dieser Gruppe zu senken.

Die Oktettregel

Wie das Wasser bergab fließt, bis es die niedrigste Energiestufe einnimmt, so wollen auch Atome, die sich mit anderen Atomen binden, die niedrigste Energiestufe erreichen. Das gesamte Energieniveau einer Gruppe von Atomen in einer Bindung ist der wichtigste Faktor dafür, ob sie untereinander reagieren und chemische Bindungen bilden. Ist die Gesamtenergie einer Gruppe von Atomen niedriger als die Summe der Energie der einzelnen Atome, so binden sie sich aneinander. Diese Senkung der Energie nennt man die Bindungsenergie. Von Ausnahmen in der Atomchemie und radioaktiven Phänomenen abgesehen, bleiben Protonen und Neutronen an ihrem Ort. Damit wird die Energiekonfiguration eines Atoms zum größten Teil von der Verteilung seiner Elektronen bestimmt. Für chemische Bindungen ist die äußerste Schale von Elektronen, die Valenzschale (s. S. 27), am wichtigsten, denn ihre Konfiguration bestimmt die Bindungsform und Reaktivität der Atome. Valenzschalen folgen der sogenannten Oktettregel. Sie besagt,

dass die stabilste und niedrigste Energiekonfiguration für die Schale aus acht Elektronen besteht. Edelgase wie Neon, Krypton und Argon sind natürliche Elemente, deren Außenschale bereits acht Elektronen enthält. Diese Elemente sind äußerst reaktionsträge („inert") und es ist schwierig, sie mit anderen Elementen reagieren zu lassen, weil sie bereits über eine stabile, gefüllte Valenzschale verfügen. Bei chemischen Bindungen verteilen sich die Elektronen in der Regel so, dass sie die Valenzschalen-Konfiguration des Edelgases mit einer benachbarten Ordnungzahl erreichen. Die Übertragbarkeit von Elektronen ist also der Schlüssel zur Bildung von Bindungen.

Zwei Typen von Bindungen

Der wichtigste Beweis für die Existenz zweier verschiedener Typen chemischer Bindungen war die Analyse der elektrolytischen Eigenschaften von Lösungen (s. S. 138–139). Manche Verbindungen wie Tafelsalz bilden in Wasser eine leitfähige Lösung. Andere wie etwa Zucker tun das nicht. Verbindungen mit leitfähigen

IONEN- UND KOVALENTE VERBINDUNGEN

Ionenverbindungen	Kovalente Bindungen
Elektrolyten	Nicht-Elektrolyten
Meist fest bei Zimmertemperatur	Fest, flüssig oder gasförmig
Hoher Schmelzpunkt	Niedriger Schmelzpunkt

Eigenschaften heißen Elektrolyten, andere Verbindungen Nichtelektrolyten. Die Leitfähigkeit lieferte einen ersten Hinweis auf die Existenz von Ionen- und kovalenten Bindungen.

Bei einer Ionenbindung zwischen zwei Atomen überträgt das eine Atom dem anderen eine oder mehrere Elektronen vollständig. Dabei strebt jedes Atom eine volle Valenzschale an (die dem nächst liegenden Edelgas ähnelt). Dabei wirft das Geberatom seine nicht komplette Außenschale mit Elektronen ab, so dass die komplette darunterliegende Schale die neue Valenzschale wird. Das empfangende Atom versucht seine Außenschale aufzufüllen, so dass diese komplett wird. So besteht zum Beispiel Tafelsalz (NaCl) aus einer Ionenbindung zwischen Natrium- und Chloratomen. Bei Bindungen verliert das Natriumatom ein Elektron, um eine neonartige Konfigura-

tion der Elektronen zu bilden, während das Chloratom ein zusätzliches Elektron für eine argonartige Konfiguration erhält. Hierdurch werden die beiden Atome zu Ionen: Das Natriumion ist positiv geladen (ein Kation) und das Chlorion ist negativ geladen (ein Anion). Die chemische Formel für Tafelsalz lautet also eigentlich Na^+Cl^-. Zwischen positiven und negativ geladenen Ionen existiert eine elektrostatische Anziehungskraft, die die Teilchen zu einer Ionenbindung zusammenbringt.

Bei einer kovalenten Bindung werden die Elektronen nicht vollständig übertragen, sondern teilen sich zwei Atome einige Elektronen. Die Elektronen bilden eine neue Bahn um beide Atome herum. Auch hier strebt jedes Atom eine volle Valenzschale an, die dem am nächsten liegenden Edelgas ähnelt. So kommt das Element Brom in diatomischer Form vor (Br^2), da es eine kryptonartige Valenzschale anstrebt. Ein Brom-Atom hat 7 Elektronen in der äußersten Schale, Krypton hat 8, also teilen sich zwei Bromatome ein Elektronenpaar. Damit erreichen sie beide acht Elektronen und haben damit eine stabile, niedrige Energiekonfiguration.

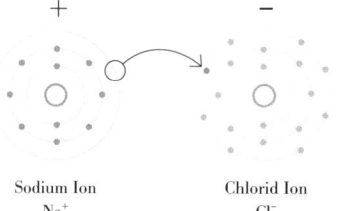

Sodium Ion
Na^+

Chlorid Ion
Cl^-

• Elektronenkonfiguration beim Natrium- und Chlorion. Dabei wird ein Elektron abgegeben, so dass beide eine edelgasartige Valenzschale bilden können.

Atome, Moleküle und Verbindungen

DIE AUFGABE:

Ein Schüler hat sich für eine Chemieprüfung den Unterschied zwischen Atomen, Elementen, Molekülen und Verbindungen eingeprägt. Er erhält folgende Fragen: „Was ist der Unterschied zwischen Atomen, Elementen, Molekülen, Verbindungen und Mischungen?" „Welcher der folgenden Stoffe ist ein Molekül oder eine Verbindung: H_2, O_2, CO_2 und H_2O? Ist Eisen (II) Sulfid (FeS) eine Mischung oder eine Verbindung? Was geschieht, wenn man Eisen mit Schwefel mischt?

DIE METHODE:

Atome sind die kleinsten Teile der Materie. Ein Element ist ein Stoff der ausschließlich aus einem Typ Atom besteht. Ein Molekül entsteht, wenn zwei oder mehr Atome chemisch zusammengefügt werden. Eine Verbindung ist ein Molekül, das mindestens zwei verschiedene Elemente enthält. Sind die zusammengefügten Elemente dieselben, so handelt es sich um ein Molekül, sind sie jedoch unterschiedlich, handelt es sich um eine Verbindung. Alle Verbindungen sind also Moleküle, aber nicht alle Moleküle Verbindungen. Eine Mischung ist ein Stoff, der aus einer Kombination von zwei oder mehr verschiedenen Materialien besteht (ohne chemische Reaktion). Mischungen können – im Gegensatz zu einer Verbindung – physisch in ihre Einzelteile zerlegt werden.

DIE LÖSUNG:

Jetzt können wir die Fragen beantworten. Die Stoffe H_2 und O_2 sind beide Moleküle, weil in H_2 zwei Atome Wasserstoff und in O_2 zwei Atome Sauerstoff zusammengefügt sind. Beim H_2O handelt es sich um eine Verbindung, denn hier werden zwei Atome Wasserstoff und ein Atom Sauerstoff zusammengefügt, genau wie beim CO_2 zwei Atome Sauerstoff (O) und ein Atom Kohlenstoff (C). Beide sind Moleküle. Die letzte Frage: Die Elemente Eisen (Fe) und Schwefel (S) können gemischt und mit Hilfe eines Magneten wieder in Eisen und Schwefel getrennt werden. Werden Eisen und Schwefel dagegen gemischt und erhitzt, so entsteht die Verbindung Eisen (II) Sulfid (FeS), die

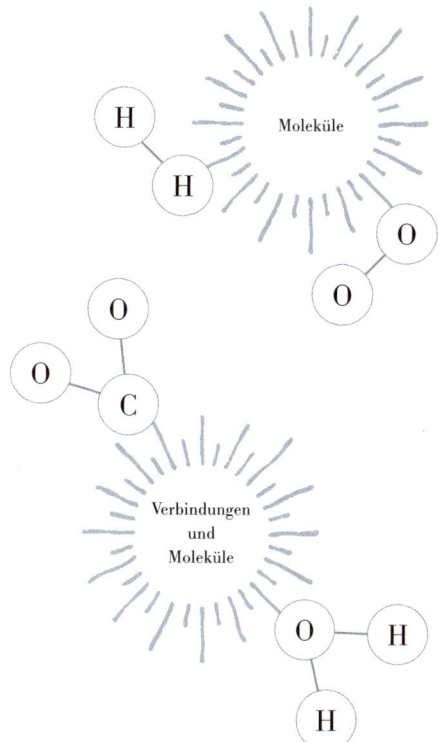

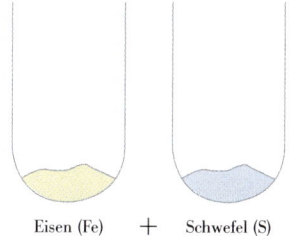

Eisen (Fe) + Schwefel (S)

= Eisensulfid

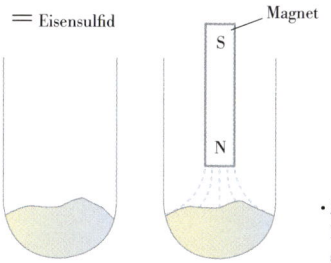

Magnet

nicht mehr mit einem Magnet getrennt werden kann. Deshalb ist FeS eine Verbindung:

$$Fe(s) + S(s) \longrightarrow FeS(s).$$

Die Verbindung FeS_2, ein anderes Eisensulfid kommt in der Natur als das Mineral Pyrit vor (Narrengold).

• Zerlegte Elemente einer Mischung, wie Eisen und Schwefel, lassen sich mit einem Magneten trennen. Bei Verbindungen sind die Bindungen zwischen den Elementen dafür zu stark.

DIE WISSENSCHAFTLICHE METHODE

Wieso finden wir die Chemie vor Boyle „unwissenschaftlich" oder „protowissenschaftlich" und warum meinen wir, dass sie sich während des 17. Jahrhunderts zu einer Wissenschaft entwickelte? Was ist der große Unterschied zwischen der Chemie eines Jabir oder Paracelsus und der von Boyle? Die Antwort liegt in einer neuen Methodologie und einer neuen Art des Denkens: der wissenschaftlichen Methode.

Das Problem der Alchemie

Wir haben bereits einige der unwissenschaftlichen Aspekte der Alchemie erwähnt, aber es lohnt sich, diese etwas näher zu betrachten. Alchemie basiert im Kern auf a priori Annahmen und Regeln – man könnte sie auch Standpunkte und Behauptungen nennen – die als Wahrheiten galten, auch wenn sie nicht überprüft oder bewiesen wurden. Dazu gehörte zum Beispiel die Annahme der vier Basiselemente oder der Glaube, dass Metalle und Sternbildern sich entsprechen. Die alchemistischen Methoden, Techniken und Rezepte betonten subjektive Variablen, wie etwa den mentalen und spirituellen Zustand des Experimentators. So konnte man glauben, ein Experiment misslinge durch den unreinen Geist des Alchemisten.

Wissenschaftshistoriker Michael White betont, es ist „vor allem dieses Konzept, das die Alchemie von der darauf folgenden wissenschaftlichen Chemie unterscheidet." Anstatt Erfahrungen und Experimenten mit anderen auszutauschen, damit sie – wie in der modernen Wissenschaft – studiert, kritisiert und wiederholt werden, verhüllten die Alchemisten ihre Ergebnisse in allegorischer und kodierter Sprache. Sie betonten stets den einzigartigen und unwiederholbaren Charakter des Experiments und die Individualität des Experimentators. Und schließlich weigerten sie sich, ihre Kunst zu formalisieren, oder ihr Wissen in kohärenten Systemen zu formulieren.

Eitelkeit und Spekulation

Die Alchemie war nicht einmal das rückständigste Gebiet der Naturphilosophie. In der Medizin, Astronomie, Biologie und Physik herrschte immer noch die scholastische Methode, die auf unbewiesenen Voraussetzungen und Autorität basierte. Von Francis Bacon bis zu Robert Boyle und dessen jüngerem Kollegen Isaac Newton (1642–1727) wollte die neue Generation Naturphilosophen eine moderne Arbeitsweise einführen. Sie versuchten – so Bacon – „die Naturschutzphilosophie von der Eitelkeit von Spekulationen zu befreien." Stattdessen führten sie Experimente durch, um die wahre Art der Natur zu beobachten.

„Wir werden den experimentellen Beweis niemals für Träume und eitle Illusionen fallen lassen, die wir uns selbst vorhalten."

Sir Isaac Newton

Boyle und Newton waren die Schlüsselfiguren bei der Entwicklung dieser neuen wissenschaftlichen Methode. Direkte Naturbeobachtung sollte zu einer ersten Hypothese zur Erklärung der beobachteten Erscheinungen führen. Daraus ergaben sich Experimente um diese Hypothese zu testen. Sollte die Hypothese nicht durch experimentelle Beweise unterstützt werden, müsste sie angepasst oder verworfen werden (Boyle erkannte in diesem Zusammenhang als erster die Bedeutung erfolgloser Experimente und war damit seiner Zeit weit voraus). Wenn Ergebnisse der Experimente die Hypothese stützen und sich wiederholen lassen, kann die Hypothese den Status einer Theorie annehmen. Wenn bestimmte Strukturen sich mathematisch quantifizieren lassen, kann dies zu Gesetzen oder Axiomen führen. Findet man neue Beweise, die nicht in die Theorie passen, so muss die Theorie angepasst oder verworfen werden.

Über jeden Zweifel erhaben

Die neue experimentelle Philosophie formulierte Boyle folgendermaßen: „Eine gute Hypothese gibt dem geschickten Naturphilosophen die Möglichkeit, zukünftige Phänomene durch geeignete Experimente vorherzusagen." Nach ihm schrieb Newton in einer Abhandlung über die Optik: „Was ich darüber sage, ist keine Hypothese sondern eine unwiderlegliche Schlussfolgerung, nicht einfach das Ergebnis von Ableitungen, dass es so sei und nicht anders, sondern in Experimenten festgestellt, direkt bewiesen und damit über jeden Zweifel erhaben." Newton verachtete sogenannte „Hypothesen" (in diesem Kontext Spekulationen, die nicht durch experimentelle Beweise gestützt werden), wie sich auch aus seinem berühmten Satz zeigt: „Ich formuliere keine Hypothesen, denn sie sind nicht aus den Phänomenen abgeleitet. Für Hypothesen ist kein Platz in der experimentellen Philosophie."

• Ein vereinfachtes Schema der wissenschaftlichen Methode. Von besonderer Bedeutung ist es, die Ergebnisse der Experimente weiterzugeben, so dass andere Forscher sie wiederholen und verifizieren können.

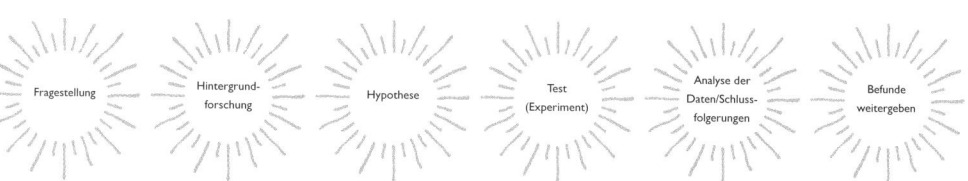

Fragestellung — Hintergrundforschung — Hypothese — Test (Experiment) — Analyse der Daten/Schlussfolgerungen — Befunde weitergeben

Die Jagd nach den Elementen

Die „Wissenschaftliche Revolution" war der

Katalysator für die Entwicklung der Chemie. Dank

neuer Konzepte, Instrumente und Techniken

erfolgte die Entdeckung möglicher neuer Elemente

in einem Tempo, das früher für unmöglich gehalten

wurde. Geld und Ruhm ernteten die, die das „Buch

der Natur" weiter entschlüsseln konnten. In diesem

Kapitel zeigen wir den aufregenden Wettlauf der

Forschung nach den Prinzipien der neuen

Wissenschaft.

Carl Scheele

Durch die Gewinnung von Phosphor aus Urin im Jahre 1669 wurde der deutsche Alchemist Hennig Brand berühmt und reich. Es dauerte aber noch bis zur Mitte des 18. Jahrhunderts, bevor es dank fortgeschrittener chemischer Analyseverfahren gelang neue Elemente zu isolieren. Die wichtigsten Entdeckungen wurden in Schweden gemacht, und zwar von einem Wissenschaftler, der Zeit seines Lebens nie die Ehre erhielt, die ihm zukam.

Kobolde und Kupfernickel

Seit alters her erzählen Bergarbeiter viel über Metalle und Erze, aber ihr Wissen war vor allem Folklore und Aberglaube, wie zum Beispiel die Erzählungen über Kobolde und *Kupfernickel*, die unheimliche Geräusche, Dämpfe und Unfälle in den Bergwerken verursachen würden. Kobolde galten auch als Verursacher der giftigen Dämpfe, die von falschem Kupfererz aufstiegen, dessen Schmelzprodukt Glas hellblau färbt. 1735 bewies der schwedische Chemiker Georg Brandt (1694-1768), dass die blaue Farbe von einem Metall verursacht wurde, das er Kobalt nannte. In Sachsen erhielt ein gleichartiger Erz-Geist – Kupfernickel genannt – die Schuld, wenn man falsches Kupfererz fand. Als der schwedische Chemiker Axel Cronstedt (1722-1765) dieses „falsche" Erz 1751 analysierte, entdeckte er ein neues Metall, Nickel.

Assistent des Apothekers

Carl Wilhelm Scheele (1742-1786) war ein autodidaktischer Chemiker und Apotheker aus Pommern, das damals zu Schweden gehörte. Er wuchs in einer armen Familie mit elf Kindern auf und hatte nur wenig Schulbildung, als er 1756 als Lehrjunge zu einem Apotheker kam. Trotzdem entwickelte er sich zu einem hervorragenden Chemiker und genialen Experimentator. Scheele arbeitete überall in Schweden, übernahm aber schließlich eine Apotheke im Städtchen Köping, wo er – trotz akademischer Stellenangebote – den Rest seines kurzen Lebens verbrachte.

Die lange Liste seiner Entdeckungen umfasst sowohl die organische als auch die anorganische Chemie. So entdeckte er unter anderem Arsensäure, Arsenwasserstoff, Bariumoxid, Benzoesäure, Calciumwolframat, Chlor, Zitronensäure, Kupfer(II)Arsenit (Scheeles Grün), Glycerin, Wasserstoffcyanid, Cyanwasserstoff, Wasserstofffluorid, Wasserstoffsulfid, Milchsäure, Apfelsäure, Mangan und Molybdänsäure, Stickstoff, Oxalsäure, Sauerstoff, Permanganate, Siliziumtetrafluorid, Weinsteinsäure und Urinsäure. Auch entdeckte er, dass Licht bestimmte Silbersalze beeinflusst (50 Jahre, bevor sie in fotografischen Emulsionen benutzt wurden!) und er isolierte Phosphor aus Knochenasche.

Scheele war ein Experimentator, kein Theoretiker oder

• Der schwedische Apotheker und Chemiker Carl Wilhelm Scheele blieb trotz zahlreicher Entdeckungen zu Lebzeiten relativ unbekannt.

Systematiker. Auch wenn er die Bedeutung mancher seiner Entdeckungen selbst zunächst nicht erkannt haben mag, ist es auffällig, wie wenig Anerkennung er zu Lebzeiten erhielt. Teilweise hat dies mit seinem unauffälligen Leben als Apotheker in einer Kleinstadt in Schweden zu tun und mit der Tatsache, dass er in deutscher Sprache schrieb. Er hatte aber auch Pech: Als Scheele seine Arbeiten 1773 in seiner „Chemischen Abhandlung von der Luft und dem Feuer" veröffentlichen wollte, musste er vier lange Jahre warten, bis sein Mentor, der Chemieprofessor Torbern Bergman (1735-1785), endlich das Vorwort geschrieben hatte und das Buch tatsächlich veröffentlicht wurde. Deshalb wurde die Entdeckung des Sauerstoffs, die Scheele früher gelang als Joseph Priestley, erst drei Jahre nach der Veröffentlichung von Priestleys Artikel (s. S. 102) bekannt. Priestley gilt also zu Unrecht als der Entdecker des Sauerstoffs.

Feuerluft

Scheele entdeckt den Sauerstoff schon 1771, als er die Luft in ihre zwei Hauptbestandteile trennte und bemerkte, dass einer dieser Bestandteile die Verbrennung in starkem Maße anregt und „ein so helles Licht produzierte, dass es die Augen blendete." Er untersuchte diese „feurige Luft" zwischen 1771-1772 in einer Reihe weiterer Experimente, wobei er unter

> „Da diese Luft für die Entstehung von Feuer absolut erforderlich ist, und ungefähr ein Drittel unserer normalen Luft bildet, werde ich sie in Zukunft Feuerluft nennen."

Carl Scheele

> ### LICHTTRÄGER
>
> Ausgehend von der Paracelsischen „Signaturenlehre" betrachtete Hennig Brand (ca. 1630-1692) Urin als mögliche Quelle für den Stein der Weisen. Er ließ 60 Fässer Urin in seinem Keller reifen. Nach Kochen bildete sich eine Paste, die er erhitzte und mit Wasser versetzte, um die Dämpfe kondensieren zu lassen. Es entstand eine wachsartige weiße Substanz, die im Dunkeln aufleuchtete und von Brand als „Phosphorus" – das griechische Wort für „Lichtträger" – bezeichnet wurde.

anderem Salpeter, schwere Metallnitrate und Quecksilberoxid erhitzte. Dabei wies er nach, dass die „Feuerluft" auch beim Gasaustausch zwischen Pflanzen und Fischen eine Rolle spielt.

Wie Priestley war sich auch Scheele der Implikationen seiner Entdeckung nicht bewusst. Er vertrat weiterhin die Phlogiston-Theorie der Verbrennung und Reduktion (s. S. 88-89). Als Scheele im Jahre 1774 Chlor isolierte, meinte er irrtümlicherweise, es handle sich hier um eine dephlogistierte Komponente der „Feuerluft". Das Gas wurde erst als Element erkannt, als Davy Salzsäure untersuchte (s. S. 71). Schließlich wurden Scheele die eigenen Analysen, bei denen er viele entdeckte Stoffe auch probierte (worunter Wasserstoffcyanid, ein hochgiftiger Stoff), zum Verhängnis. Laut dem Cambridge Dictionary of Scientists war sein Tod im Alter von nur 43 Jahren „nicht verwunderlich, denn er war ein fanatischer, produktiver und manchmal unvorsichtiger chemischer Erfinder."

PHLOGISTON

Phlogiston, ein hypothetischer Stoff, galt als vermeintliches Hauptmittel für Verbrennung, Reduktion und Gasaustausch. Auch wenn diese Theorie heute als wissenschaftlicher Irrtum abgetan wird, der große Chemiker in die Irre führte, so war sie als theoretische Hypothese sehr wertvoll, weil sie die Kraft der wissenschaftlichen Methodik illustriert.

Asche und Metallkalk

Die Alchemisten und frühen Chemiker waren schon immer fasziniert von Prozessen wie Verbrennung, Oxidation, Gasaustausch, Gärung und Rösten (die Erhitzung eines Stoffes bis kurz vor seinem Schmelzpunkt). Es war ihnen deutlich, dass diese Phänomene miteinander zusammenhängen und die Enthüllung dieser verborgenen Beziehungen, vor allem die Entdeckung eines gemeinsamen Prinzips, sollte die tiefsten Geheimnisse der Natur offenbaren. Heute wissen wir, dass dieses gemeinsame Prinzip Sauerstoff ist und dass zum Beispiel die Verbrennung von Holz eine Form von Oxidation darstellt, bei der Kohlenstoff zu gasförmigem Kohlenstoffdioxid oxydiert, wobei nur noch Asche übrig bleibt. Der „Metallkalk" dagegen, das Puder, dass nach dem Erhitzen eines reinen Metalls in Luft übrig bleibt, ist ein Metalloxid. Vor der Entdeckung des Sauerstoffes waren jedoch andere Konzepte um diese Phänomene zu erklären genauso wahrscheinlich.

Einer der ersten, der eine Hypothese zur Erklärung des Brennungsvorgangs aufstellte, war Joachim Becher (1635 -1681. Im Jahre 1667 meinte er, dass brennbare Stoffe ein aktives Prinzip enthielten, dass er *Terra pinguis* (fettige Erde) nannte. Van Helmont übernahm diese Hypothese mit dem neuen griechischen Namen *Phlogiston* („entflammbar"). Die erste echte Phlogiston-Theorie stammt aber vom deutschen Arzt und Chemiker Georg Ernst Stahl (1660-1734). Er bemerkte, dass das Verbrennen von Holzkohle Flammen und Rauch erzeugt, während die zurückbleibende Asche viel leichter ist als die ursprüngliche Materie. Offensichtlich vertrieben Hitze und Rauch einen bestimmten Stoff, und das musste die entzündliche Substanz Phlogiston sein. Hieraus zog Stahl den Schluss, Holzkohle bestehe aus Asche und Phlogiston. Die Reduktion der Verbrennungsprodukte, wie die Erhitzung von Metallkalk und Holzkohle zur Gewinnung des reinen Metalls, sei eine Umkehrung dieses Prozesses, wobei der Metallkalk Phlogiston aus der Holzkohle absorbiere und damit das Metall bilde. Dies führte zur Annahme, der Metallkalk sei die reine elementare Form und Metall bestehe aus Metallkalk + Phlogiston.

Das Phlogiston wird oft als Wahnidee oder Beweis dafür angeführt, dass eine pseudowissenschaftliche Theorie auch berühmte Chemiker in Narren und Scharlatane verwandeln kann. Im Grunde genommen war die Widerlegung der Phlogiston-Theorie jedoch ein Triumph für die Wissenschaft! Trotz massiver Unterstützung wurde diese attraktive und scheinbar logische Theorie mit einfachen Messungen und Experimenten mühelos widerlegt. Sobald ausreichend Belege vorhanden waren und sich aus Experimenten überzeugend ergab, dass die Theorie falsch war, kehrte die wissenschaftliche Gemeinschaft dem Phlogiston den Rücken.

Das Ende von Phlogiston

Als erste rationale Erklärung für die Prozesse von Verbrennung und Rösten war die Phlogiston-Theorie gar nicht übel. Sie erfüllte die Kriterien einer wissenschaftlichen Theorie, denn sie war kohärent, entsprach den Wahrnehmungen, und führte zu überprüfbaren Vorhersagen. Pierre-Joseph Macquer, ein französischer Chemiker und Enzyklopädist, betonte, dass die Phlogiston-Theorie „das Antlitz der Chemie verändert habe" und ermunterte Chemiker, neue Stoffe zu finden die seine Existenz bewiesen. Joseph Priestley passte die Theorie an, um die von ihm entdeckten Gase zu erklären (s. S. 103). Aber je genauer man in der Chemie messen und Produkte und Reaktanten wiegen konnte, umso mehr geriet die Phlogiston-Theorie in Schwierigkeiten. Laut Stahl würde Verbrennung zu Massenverlust durch das Entweichen von Phlogiston führen, während die Reduktion von Metallkalk mit Holzkohle aufgrund der Absorption von Phlogiston den Stoffen Masse hinzufügen sollte. Aber Experimente bewiesen das Gegenteil, was der Sekretär der Pariser Académie des Sciences 1763 als eines der „wahren Paradoxa der Chemie" bezeichnete. (Inzwischen wissen wir, dass an der Luft erhitztes Metall an Masse gewinnt, weil es sich mit Sauerstoff verbindet). Stahl und die Anhänger des Phlogiston meinten daraufhin, Phlogiston besitze vielleicht gar keine oder sogar eine negative Masse, wie der masselose „Wärmestoff" (Wärmeenergie). Aber es half nichts: 1774 rechnete die Sauerstofftheorie von Lavoisier endgültig mit dem Phlogiston ab (s. S. 104).

• Eine Karikatur aus dem Ende des 18. Jahrhunderts zeigt Joseph Priestley als „Doktor Phlogiston, der Priestley-Politiker oder Politische Priester", der die Bibel zertritt, während aus seinen Taschen radikale Traktate fallen.

Auf zum fröhlichen Verbrennen!

12

DIE AUFGABE:

Eine frühere chemische Theorie behauptete, dass brennbare Materialien das feuerartige Element Phlogiston enthalten, das bei Verbrennung entweicht. Diese Theorie wurde widerlegt, als man entdeckte, dass die Masse von Metallen, die an der Luft verbrannt werden (durch Sauerstoff), nicht ab-, sondern zunimmt. Dies können wir mit folgendem Experiment nachweisen: 5 g Magnesiumpuder und 5 g Aluminiumpuder produzieren bei Verbrennung an der Luft beide weiße Metalloxide mit einem Gewicht von 8,33 und 9,44 g. Wie können wir die Zusammensetzung und die Gleichungen für das Magnesium- und Aluminiumoxid ableiten?

DIE METHODE:

Da Magnesium- und Aluminiumoxid die einzigen Produkte sind, können wir die Gewichtszunahme nach dem Verbrennen der beiden Puder feststellen. Laut dem Gesetz vom Massenerhalt ist bei einer chemischen Reaktion die Masse der Produkte gleich der Masse der Reaktanten. Also haben fünf Gramm beider Metalle mit x oder y Gramm Sauerstoff reagiert, wobei x und y für die Zunahme der Masse nach der Verbrennung des Magnesium und Aluminiums stehen. Wenn wir das „Molverhältnis" der Kombination von Metall und Sauerstoff wissen, können wir die Formel erstellen.

DIE LÖSUNG:

Zunächst müssen wir die Masse Sauerstoff in beiden Oxiden berechnen. Da die zusätzliche Masse nach der Verbrennung aus Sauerstoff besteht, ist das ganz einfach: Wir notieren einfach den Gewichtsunterschied vor und nach der Verbrennung.

Im ersten Fall wurden 5 g Magnesium nach der Verbrennung in 8,33 g Magnesiumoxid umgesetzt. Die Masse des Sauerstoffs beträgt also 3,33 g.

Der nächste Schritt ist die chemische Formel. Dafür brauchen wir das Molverhältnis und müssen deshalb zunächst die Molzahl (Stoffmenge) in 5 g Magnesium und 3,33 g Sauerstoff ermitteln.

Zur Berechnung der Stoffmenge einer bestimmten Menge eines Elements teilt man das Gewicht (in diesem Fall 5 g Magnesium) durch die Atommasse eines Atoms dieses Elements (s. S. 121 für weitere Informationen).

Die Atommassen der jeweiligen Elemente lauten:

Magnesium = 24
Aluminium = 27
Sauerstoff = 16.

Die Stoffmenge in 5 g Magnesium beträgt:

$$5 / 24 = 0,208 \text{ Mol}$$

und die Stoffmenge in 3,33 g Sauerstoff lautet:

$$3,3 / 16 = 0,206$$

Die Stoffmenge für die beiden Elemente ist also fast gleich. Folglich kann man mit großer Genauigkeit sagen, dass das Verhältnis 1:1 ist. Aufgrund dieser Gleichwertigkeit lautet die Formel MgO.

Im zweiten Fall werden 5 g Aluminium in 9,44 g Aluminiumoxid umgesetzt, ein Unterschied von 4,44.

Die Masse Sauerstoff in dieser Reaktion beträgt 4,44 g. Mit der früheren Rechenmethode stellen wir das Mol-Verhältnis zwischen Aluminium (Al) und Sauerstoff (O) fest:

$$(5 / 27):(4,4 / 16) = 0,185:0,275$$

0,185 geteilt durch 0,275 ist 0,67, ein Verhältnis von 2:3. die Formel lautet also Al_2O_3.

Die Verbrennung von Magnesium und Aluminium an der Luft sieht also so aus:

$$Mg(s) + \tfrac{1}{2} O_2(g) \longrightarrow MgO(s)$$
$$\text{or}$$
$$2\ Mg(s) + O_2(g) \longrightarrow 2\ MgO(s),$$

$$2\ Al(s) + 3\ O_2(g) \longrightarrow Al_2O_3(s)$$

• In der Industrie wird Magnesium vor allem für die Herstellung von Aluminium-Magnesiumlegierungen verwendet, was ein sehr leichtes und doch starkes Material ergibt.

KOHLENSTOFFDIOXID

Die pneumatische Chemie kam erst richtig in Schwung, als hochemp-
findliche Instrumente und moderne Versuchsanordnungen eine genaue
Analyse von Gasen (oder damals „Lüften") ermöglichten. Während
Alchemisten wie Van Helmont noch mit qualitativen Methoden die
Existenz verschiedener Arten von „Luft" ableiteten, konnten die neuen
Wissenschaftler ihre Existenz quantitativ nachweisen.

Fixe Luft

In den Jahren 1754-1756 führte der
schottische Chemiker Joseph Black
(s. Rahmentext) eine Reihe von Experimenten durch, wo bei der Erhitzung von
Kalk (Calciumcarbonat) zur Herstellung
von ungelöschtem Kalk (Calciumoxid) ein
unbekanntes Gas freikam. Da das Gas erst
durch Erhitzung aus dem festen Stoff

entweichen konnte, bezeichnete er es als
„fixe Luft". Van Helmont hatte das gleiche
Gas ein Jahrhundert früher als Spiritus
Sylvester beschrieben, heute kennen wir
es als Kohlenstoffdioxid (CO_2).

In Experimenten mit *Magnesia Alba
(weißem Magnesium), ungelöschtem Kalk
und anderen alkalischen Stoffen* beschrieb
Black 1756 einen ganzen Zyklus

• **JOE BLACK**

*Black war der Sohn eines
schottisch irischen Weinhänd-
lers in Bordeaux. Er
absolvierte ein Medizinstu-
dium und lehrte später
Anatomie, Medizin und
Chemie an den Universitäten
in Glasgow und Edinburgh.
Seine Doktorarbeit behandelte
die „Versüßung" und die
Isolierung fester Luft, was ihn
zu einem der Begründer der
pneumatischen Chemie
machte (obwohl diese Ehre*

*manchmal auch Van Helmont
oder anderen zugeschrieben
wird). Nach 1760 forschte Joe
Black vor allem auf physikali-
schem Gebiet und führte
bahnbrechende Experimente
zur Wärmeforschung durch. Joe
Black war ein beliebter Redner,
1803 erschienen seine
gesammelten Vorlesungen.*

• Black bewies, dass Kohlenstoffdioxid eine entscheidende Rolle bei
allen Lebensprozessen, wie Atmung,
Fotosynthese und Gärung, spielt.

chemischer Transformationen dieser neuen Luft.

Dabei zeigte er, dass der Prozess der Auflösung von Kalk zur Herstellung von ungelöschtem Kalk umkehrbar ist und dass wieder Kreide entsteht, wenn man die fixe Luft mit ungelöstem Kalk zusammenbringt. Er demonstrierte auch, dass dieselbe fixe Luft, die er identifizieren konnte indem er ihr Gewicht wog, das Produkt von Verbrennung, Gärung und Gasaustausch ist. Daraus zog er die richtige Schlussfolgerung, die „fixe Luft" sei ein Bestandteil der Atmosphäre (reine Luft besteht tatsächlich zu ungefähr 0,04% aus CO_2).

Blacks Experimente mit fester Luft waren Teil seiner Forschungen zur „Versüßung", also dem Gegenteil zu Versäuerung. Er beschrieb, wie Carbonate (in seiner Definition milde alkalische Lösungen) versüßen bzw. alkalischer werden, wenn sie fixe Luft (Kohlenstoffdioxid) verlieren, bei der Aufnahme von fester Luft jedoch wieder in milde alkalische Lösungen umgesetzt werden. Black zeigte auch, dass frei kommendes Kohlenstoffdioxid das „Schäumen" von Kalkstein bei Kontakt mit Säuren verursacht.

Lebensatem

Bei einer Demonstration seiner These, dass fixe Luft das Produkt der Atmung sei, blies Black seinen Atem in ein Glas mit Kalkwasser (eine Lösung aus Calciumhydroxid). Das Wasser wurde trüb, weil winzige Kreideteilchen darin entstanden. Dies ist noch immer der Standardtest zum Nachweis von Kohlenstoffdioxid:

TREIBHAUSGAS

Kohlenstoffdioxid ist nur eines der Treibhausgase in der Atmosphäre. Diese Gase funktionieren wie die Glasscheiben eines Gewächshauses: Sie lassen die Kurzwellenstrahlung von sichtbarem Licht – und damit die Sonnenstrahlung zur Erwärmung unseres Planeten – durch, absorbieren jedoch die Langwellenstrahlung des infraroten Lichts, mit der die Wärme zurückgestrahlt wird. Diese Wärme bleibt damit in der Atmosphäre. Das Leben auf der Erde ist nur aufgrund dieses Treibhauseffekts möglich, der die Temperaturen um etwa 35° höher werden lässt, als sie es ohne diesen Effekt wären.

$$CO_2(g) + Ca(OH)_2(aq) \longrightarrow CaCO_3(s) + H_2O(l)$$

Wenn man weiter Kohlenstoffdioxid in die Mischung bläst, wird sie wieder klar, weil die Calciumcarbonate und das Kohlenstoffdioxid miteinander reagieren und Calciumhydrogencarbonat bilden, eine farblose Lösung:

$$CO_2(g) + CaCO_3(s) + H_2O(l) \longrightarrow Ca(HCO_3)_2(aq)$$

Vergleichbare Reaktionen sind auch der Grund für die unterschiedlichen Härtegrade von Wasser. Regenwasser wird in der Natur durch Kohlenstoffdioxid sauer und reagiert dann mit Kalkstein im Boden.

Henry Cavendish

Der Mann, dem die größten Entdeckungen in der pneumatischen Chemie gelangen, war ein exzentrischer, krankhafter verlegener und zurückgezogen lebender englischer Millionär. Er gilt als wichtigster Wissenschaftler seit Newton. Henry Cavendish entschlüsselte die Geheimnisse der Atmosphäre, schuf Wasser und wog die ganze Erde. Er wagte es aber nicht, eine Frau anzusprechen oder auch nur anzusehen.

Seine Durchlaucht

Inspiriert von den erfolgreichen Experimenten Blacks begann der Aristokrat Henry Cavendish (1731-1810) damit, Gase zu untersuchen. Als Enkel der Herzöge von Devonshire und Kent erbte Cavendish ein riesiges Vermögen. Sein Interesse gehörte jedoch nur der Wissenschaft. Mit der pneumatischen Wanne, eine Erfindung Stephen Hales (s. S.

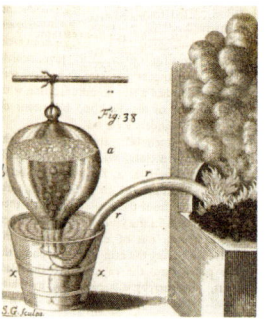

64-65), der Gase aus einem Wassertank in einer umgekehrten Wanne auffing, studierte Cavendish „artifizielle Lüfte": die fixe Luft, die durch reagierende Säuren und Basen entstand, sowie „entflammbare Luft", die bei der Reaktion von Metall mit Säuren freikam. Durch Feststellung der verdrängten Wassermenge berechnete Cavendish das Gewicht dieser Gase (also ihre Dichte im Verhältnis zur Atmosphäre), wobei sich herausstellte, dass seine entflammbare Luft der leichteste bis dahin bekannte Stoff war.

Heute wissen wir, dass es sich hierbei um Wasserstoff handelte, aber Cavendish selber meinte, er habe möglicherweise das

• Die pneumatische Wanne – hier in einer Illustration aus 1727 – ermöglichte es Cavendish, die Eigenschaften von Gasen mit großer Genauigkeit zu messen.

• **DAS GEWICHT DER ERDE**

Cavendish wurde nicht nur als Chemiker, sondern auch als Physiker berühmt. Ihm gelangen wichtige Entdeckungen über Elektrizität (die er jedoch nicht veröffentlichte), außerdem setzte er sich für Newtons Theorie der Energie und Atome ein, die das Entstehen von Wärme mit der Schwingung von Teilchen erklärt. Bei einem seiner letzten Experimente verwendete Cavendish große an einem Balken aufgehängte Kugeln, mit denen er die Schwerkraft zwischen Objekten beobachtete, die Gravitationskonstante berechnete und daraus sogar die Masse der Erde ermitteln konnte!

EIN MENSCHENSCHEUER WISSENSCHAFTLER

Cavendish war eine kuriose Erscheinung. Seine Kleidung sehr altmodisch: eine graugrüne Jacke, ein kleiner dreieckiger Hut, die Haare als Zopfperücke frisiert. Er zeigte sich nie in London und wenn, versteckte er sich in seiner Kutsche. Er sprach kaum und war so menschenscheu, dass er leise Schreie des Erstaunens ausstieß, wenn er sich selbst zwang die Versammlungen der Royal Society zu besuchen und einen Raum voller Menschen betrat, so ein Mitglied der Royal Society. Wenn man ihn ansah oder ansprach, so zog er sich in aller Eile zurück und floh in sein Haus. Frauen gegenüber war er so schüchtern, dass er mit seiner Haushälterin mit Zetteln kommunizierte und seinen Dienstmädchen verbot, sich ihm zu nähern. Als er einmal auf der Treppe mit einer Putzfrau zusammentraf, ließ er eine Treppe an der Rückseite des Hauses bauen.

Sein immenser Reichtum bedeutete ihm nichts. Eine Anekdote erzählt, dass Cavendish, von der Bank auf seine Wünsche bezüglich der Verwaltung seines enormen Vermögen angesprochen, nur verärgert reagierte habe, dass er das Geld – wenn es der Bank lästig sei – auch woanders unterbringen könne. Sogar Cavendish' Tod war exzentrisch. Als er spürte, dass sich sein Ende näherte, gab er strikte Anweisungen ihn so lange allein zu lassen, bis er seinen Berechnungen nach tot sein müsste. Als ein besorgter Butler eine halbe Stunde vorher zu ihm kam, warf er ihn ohne viel Federlesens hinaus.

Phlogiston entdeckt. Später identifizierte er die wichtigsten Bestandteile der Atmosphäre – Stickstoff und Sauerstoff –, die er allerdings als dephlogistonierte und phlogistonierte Luft bezeichnete. 1781 brachte Cavendish entflammbare Luft mit normaler Luft zusammen und entzündete die Mischung mit einem elektrischen Funken: Es entstanden Wassertröpfchen. Er maß das Volumen des übriggebliebenen Gases und stellte fest, dass etwa ein Fünftel der Luft verschwunden war. Später wiederholte er das Experiment und verwendete dabei ausschließlich entflammbare und dephlogistonierte Luft (Wasserstoff und Sauerstoff). Dabei entstand reines Wasser. Mit diesem Experiment widerlegte Cavendish die antike Vorstellung, Wasser sei eines der Grundelemente (obwohl er irrtümlicherweise behauptete, Wasser entstehe durch die Kombination von Phlogiston und dephlogistonierter Luft). Ihm fiel sogar auf, dass ein winziger Teil der Luft daran nicht beteiligt war (inert) – dieser Teil wurde 100 Jahre später als Argon identifiziert.

„Er war scharfsinnig, geschickt und gelehrt, meiner Meinung nach der bedeutendste britische Denker seiner Zeit." *Sir Humphry Davy*

WASSER

Die bekannteste aller Flüssigkeiten besitzt eine sehr ungewöhnliche chemische Zusammensetzung und besondere physische Eigenschaften. Diese machen das Wasser zur wichtigsten Substanz und Bedingung für das Leben auf der Erde. Wasser spielt eine zentrale Rolle in der Chemie und ist die Basis für Säuren und alkalische Lösungen.

Eckig und Polar

Struktur und Form einer Verbindung sind entscheidend für deren Eigenschaften und hängen vom Typ der Bindungen und deren Verteilung ab. Das Wassermolekül, das aus einer kovalenten Bindung zwischen einem Sauerstoff- und zwei Wasserstoffatomen besteht, hat eine eckige Form:

Eine lineare Form sähe so aus: H–O–H. (In der Gasphase beträgt der Winkel zwischen den Bindungen sogar 105°.) Die einmaligen Eigenschaften von Wasser, die das Leben auf der Erde überhaupt erst ermöglichen, sind eine direkte Folge dieser eckigen Form, die dem Molekül Seitenflächen oder „Enden" gibt. Da Sauerstoff elektronegativer ist als Wasserstoff, übt Sauerstoff bei einer kovalenten Bindung mehr Anziehungskraft auf die Elektronenpaare aus, die damit näher zum Sauerstoffatom hingezogen werden. Dies gibt dem Sauerstoff eine teils negative Ladung, während die Wasserstoffatome teils positiv geladen sind. Das Molekül erhält damit einen negativen und einen positiven Pol.

Eine Folge dieser Polarität ist, dass Wassermoleküle untereinander reagieren: Das teilweise positiv geladene Wasserstoffatom eines Moleküls wird vom negativ geladenen Sauerstoffatom eines anderen Moleküls angezogen. Diese Interaktion wird als Wasserstoffbrücke bezeichnet und ist Bedingung für die besonderen Eigenschaften von Wasser, zum Beispiel den hohen Kochpunkt. Der Kochpunkt einer Flüssigkeit ist meist eine Funktion ihrer Molekülmasse (s. S. 126-127). Stoffe mit derselben Molekülmasse wie Wasser, aber ohne Wasserstoffbrücke, sind bei Zimmertemperatur gasförmig. Außerdem führt die Wasserbrücke dazu, dass Wasser bei großen Temperaturunterschieden flüssig bleibt, was Leben auf Erde erst ermöglicht. Wasserbrücken führen außerdem zu einer hohen Wärmekapazität (definiert als die Wärmeenergie, die für eine Veränderung der Temperatur erforderlich ist), sowie einer hohen Verdampfungswärme (die Wärmeenergie, die für einen Phasenübergang erforderlich ist). Dadurch können Wasserkörper große Mengen Wärme absorbieren, die sie nur langsam wieder abgeben. Im globalen

Maßstab verhindert dies extreme Unterschiede in der Tages- und Nachttemperatur, wie auf anderen Planeten. Wasser dämpft also den Effekt von Klimaveränderungen. Friert Wasser ein, so fixieren die Wasserstoffbrücken die Moleküle in einer härteren Struktur und niederen Dichte als in der flüssigen Phase: Eis schwimmt auf dem Wasser und sinkt nicht. Deshalb friert nur die oberste Schicht eines Wasserkörpers zu, während der Rest isoliert wird.

Ein universelles Lösungsmittel

Dank der Polarität und Eckform seiner Moleküle lösen sich sowohl ionische als auch polar-kovalente Stoffe gut in Wasser auf. Seine teilweise geladenen Pole reagieren stark mit Ionen: Löst sich ein ionischer Stoff in Wasser auf, umringen die Wassermoleküle die Anionen und Kationen mit ihrem jeweiligen positiven und negativen Pol. Auf die gleiche Weise lösen sich auch polar-kovalente Stoffe auf, denn viele organische Verbindungen, wie Zucker, Alkohol und Proteine, enthalten polare O–H– und N–H–Brücken. Ein von Wassermolekülen umringtes Ion heißt Hydrat. Es ist aber korrekter, um ein Ion

LICHTEMPFINDLICH

Wasser absorbiert in hohem Maße infrarotes Licht, ist jedoch durchlässig für sichtbares und nahes ultraviolettes Licht. Wasserdampf in der Atmosphäre lässt Tageslicht durch, so dass der Planet erwärmt wird, verhindert jedoch die Rückstrahlung dieser Wärme ins Weltall. So bleibt der Temperaturunterschied zwischen Tag und Nacht gering. Wasserdampf ist also auch ein Treibhausgas (s. S. 93).

wie zum Beispiel Cu^{2+} (ionisiertes Kupfer), zu beschreiben als $[Cu(H_2O)_6]^{2+}$. Viele anorganische Stoffe können Hydratkristalle bilden. Flüssiges Wasser löst sich in geringem Maß auch von selbst auf, so dass $H_2O \rightleftharpoons H^+ + OH^-$. (Das Symbol zeigt, dass die Reaktion umkehrbar ist und in beide Richtungen stattfinden kann, so dass Gleichgewicht zwischen beiden Zuständen ist.) Stoffe mit einer zunehmenden Zahl von H^+-Ionen nennt man Säuren, nimmt die Zahl der OH^- Ionen zu, spricht man von alkalischen Stoffen.

• EINE JESUS-EIDECHSE FÜHLT DIE WASSERSPANNUNG

Wassermoleküle sind in flüssigem Zustand stärker untereinander verbunden als Moleküle in den meisten anderen Flüssigkeiten. Dies macht sich vor allem an der Wasseroberfläche bemerkbar. Da die Oberflächenmoleküle sich nur seitlich oder nach unten bewegen können, die anderen Moleküle jedoch in alle Richtungen beweglich sind, hat Wasser eine hohe Oberflächenspannung. Kleine Tiere (wie die Jesus-Eidechse) machen sich dies zunutze, indem sie über die Wasseroberfläche rennen. Außerdem sorgt die hohe Oberflächenspannung für eine sehr niedrige Verdunstungsrate, so dass das meiste Wasser in den Ozeanen sich nicht in der Atmosphäre verflüchtigt.

WÄRME

Obwohl die klassische Elementenlehre in der Mitte des 18. Jahrhunderts bereits als überholt galt, war das Phänomen Wärme den Chemikern immer noch ein Rätsel. Schon bald jedoch sollten faszinierende Beobachtungen und scharfsinnige Experimente wichtige Eigenschaften dieses Phänomens enthüllen. Die Prinzipien der Wärme sind ein essentieller Bestandteil der Chemie.

Wissenschaft in der Brauerei

Bei einem seiner Experimente machte Daniel Gabriel Fahrenheit (1686-1736), der Erfinder des Thermometers, eine bemerkenswerte Beobachtung. Ihm fiel auf, dass unterkühltes Wasser bei Schütteln sofort gefriert, während sich seine Temperatur jedoch plötzlich auf 32 °F erhöht. Auch Joseph Black (s. S. 92-93) untersuchte dieses Phänomen, wobei er seine Experimente in einer Brauerei durchführte um eine konstante Wärme zu gewährleisten. Black beobachtete eine scheinbare Diskrepanz zwischen dem Erwärmen von Wasser (besonders Eis) und dessen Temperatur. Als er Eis schmolz, absorbierte es zwar die Wärme, so stellte er fest, aber seine Temperatur blieb gleich. Das heißt: Eis mit 0° C (32 °F) verwandelt sich in Wasser von 0° C. Es sah also so aus, als ob sich die Wärme so mit den Wasserteilchen verbunden hatte, dass sie vor dem Thermometer „verborgen" blieb. Deswegen bezeichnete Black diese Wärme als „latente Wärme". 1761 gelang es ihm, sie zu messen (sie ist heute als latente Fusionswärme beim Phasenübergang fest-flüssig oder flüssig-fest bekannt), ein Jahr später gelang ihm das auch bei der latenten Verdampfungswärme (also der

• DER UNTERSCHIED ZWISCHEN TEMPERATUR UND WÄRME

Als Temperatur bezeichnet man die durchschnittliche kinetische Energie einzelner Partikel in einem Körper oder geschlossenen System (zum Beispiel einem Behälter mit Gas). Wärme ist die Gesamtmenge Energie in einem System. So können zum

Beispiel eine Badewanne mit Wasser und eine Tasse Tee die gleiche Temperatur haben, die Badewanne enthält aber mehr Wärme als die Tasse Tee.

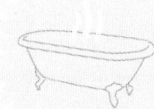

DIE TEMPERATURSKALEN VON
FAHRENHEIT UND CELSIUS

Die erste häufig verwendete Temperaturskala war die Skala von Fahrenheit. Dabei wurde der 0 °- Punkt anhand der niedrigsten Temperatur festgelegt, die er mit einer Mischung aus Salz und Eis noch messen konnte. 1742 schlug der schwedische Wissenschaftler Anders Celsius (1701-1744) vor, alle wissenschaftlichen Temperaturmessungen nach einer festen Skala durchzuführen, die von zwei natürlichen Punkten ausging: dem Gefrierpunkt und dem Kochpunkt von Wasser auf Meereshöhe. Ursprünglich hatte Celsius 0 ° als die Kochtemperatur des Wassers festgelegt, und 100 ° als Gefrierpunkt des Wassers. Sein Schüler Martin Strömer drehte die Skala um und in dieser Form wurde sie dann in Europa verwendet. Viele Wissenschaftler verwenden auch die Kelvin-Skala, die beim absoluten Nullpunkt beginnt, einer theoretischen Marke, bei der keinerlei Energie mehr existiert. Auf der Kelvin-Skala (gemessen in Kelvin [K] und benannt nach William Thomson, Lord Kelvin [1824-1907]), gefriert Wasser bei 273 K. 1 K = 1 °C = 1,8 °F.

latenten Wärme beim Phasenübergang von flüssig zu Gas).

Black entdeckte später, dass man unterschiedliche Wärmemengen braucht, um bei verschiedenen Stoffen die gleiche Masse zu erwärmen. Dies wird als „spezifische Wärmekapazität" bezeichnet: die Energiemenge, die erforderlich ist, um 1 g Stoff um 1 °C zu erwärmen.

Ein allgemeineres Konzept ist das der allgemeinen „Wärmekapazität". Hiermit wird die Wärmemenge bezeichnet, die erforderlich ist, um die Temperatur eines Körpers oder Stoffes zu verändern (die spezifische Wärmekapazität ist davon abgeleitet). Energie wird in Kalorien oder Joules ausgedrückt, die spezifische Wärmekapazität in Kalorien oder Joules je g °C. Die spezifische Wärmekapazität von Wasser beträgt 1 Kalorie/g °C oder 4,186 Joule/g °C, also fünfmal so viel wie bei Aluminium und mehr als zehnmal so viel wie bei Eisen oder Kupfer.

Das Geheimnis der Wärme

Blacks Theorie der latenten Wärme passte gut zu den damaligen Theorien über Wärme. Wenn Wärme sich mit Wasserteilchen verband und irgendwo gespeichert wurde, so ähnele dieses Phänomen ja dem Phlogiston oder der festen Luft, so die Wissenschaftler des 18. Jahrhunderts, die sich Wärme als eine Form von Materie („Feuermaterie") oder als Teilchen bzw. Flüssigkeit vorstellten. Lavoisier (s. S. 104-105) sprach später von „Wärmestoff". Der Wissenschaftshistoriker J. L. Heilbron betont, dass dieser neue Begriff „kaum verbergen konnte, dass dieses Konzept auf frühere Ideen über die Art des Feuers zurückzuführen ist." Anders ausgedrückt, der Wärmestoff war nur ein anderer Name für das klassische Feuerelement. Es sollte noch 70 Jahre dauern, bis Chemiker erkannten, dass Wärme eine Form von Energie ist.

Fixe Luft

DIE AUFGABE:

Neben seinen Forschungen zur „latenten" und „spezifischen Wärme" identifizierte Joseph Black ein unbekanntes Gas, das er „fixe Luft" nannte (Kohlenstoffdioxid, CO_2). Um herauszufinden wie dieses Gas entsteht, benutzen wir zwei Verfahren: (a) Erhitzen von Calciumcarbonat ($CaCO_3$) bis zur Rotglut, (b) Hinzugabe verdünnter Salzsäure zum festen Calciumcarbonat. Wenn wir 5 g $CaCO_3$ haben, wie viel CO_2 wird dann im Verhältnis zu Masse und Volumen bei 0 °C produziert?

DIE METHODE:

Zunächst schreiben wir die beiden Gleichungen für (a) die thermische Zersetzung von $CaCO_3$ und (b) die Wirkung der verdünnten Salzsäure (HCl) auf $CaCO_3$ auf. So wissen wir, wie viel CO_2-Gas in beiden Fällen entsteht. Wenn wir die Stoffmengen wissen, können wir die Menge des produzierten CO_2 berechnen.

DIE LÖSUNG:

In den Gleichungen für (a) die thermische Zersetzung von Calciumcarbonat sowie (b) die Wirkung von Salzsäure auf das Calciumcarbonat wird mit 1 Mol $CaCO_3$ je 1 Mol CO_2-Gas produziert:

(a) $$CaCO_3(s) \longrightarrow CaO(s) + CO_2(g)$$

(b) $$CaCO_3(s) + 2\ HCl(aq) \longrightarrow CaCl_2(aq) + H_2O(l) + CO_2(g)$$

Nun berechnen wir die Molekülmasse von Calciumcarbonat und Kohlenstoffdioxid anhand ihres jeweiligen Atomgewichts: Ca = 40, C = 12 and O = 16.

CaCO₃: 40 + 12 + (16 x 3) = 100 g

CO₂: 12 + (16 x 2) = 44 g

Amadoe Avogadro entdeckte im 19. Jahrhundert, dass 1 Mol eines jeden Gases bei gleicher Temperatur und gleichem Druck das gleiche Volumen einnimmt (s. S. 128-129). Bekannt ist auch, dass 1 Mol Gas bei 0 °C und 1 pA Druck ein Volumen von 22,4 Litern einnimmt. Mit diesen Informationen berechnen wir jetzt das Volumen des freikommenden CO₂ in den beiden Gleichungen. Bei 0 °C und 1 pA ergeben 100 g CaCO₃ eine Menge von 44 g

CO₂-Gas mit einem Volumen von 22,4 l. Folglich wird aus 5 g CaCO₃ 44 / 20 = 2,2 g CO₂ frei.

Dieses Gas nimmt folgendes Volumen ein:

22,4 / 20 = 1,12 l bei 0 °C und 1 pA.

Soda- oder kohlensäurehaltiges Wasser (Sprudelwasser) wird durch Vermischung von Wasser und CO₂-Gas unter Druck hergestellt. Der Druck erhöht die Löslichkeit, so dass viel mehr CO₂-Gas aufgelöst werden kann als bei normalem atmosphärischem Druck möglich wäre. Beim Öffnen einer Flasche Sprudelwasser kommt der Druck frei, so dass das Gas unter Bildung der bekannten Bläschen entweicht.

• Die Bläschen in kohlensäurehaltigen Erfrischungsgetränken sind auch heute noch beliebt.

Joseph Priestley

Gegen Ende des 18. Jahrhunderts wurde die Chemie zu einer populären Wissenschaft. Entdeckungen wurden zu öffentlichen Angelegenheiten, Rivalitäten Sache von nationalem Interesse. Dies war zum größten Teil das Verdienst des Predigers und radikalen Aktivisten Joseph Priestley, Erfinder des Sodawassers und Entdecker des Sauerstoffs, der selbst zum Opfer des steigenden Interesses an der Chemie werden sollte.

Neue Lüfte

Mit den Entdeckungen von Black und Cavendish begann eine aufregende Zeit für die pneumatische Chemie. In den Worten von J.L. Heilbron: „Von allen Seiten stiegen neue Lüfte auf." Eine besondere Rolle spielte Joseph Priestley (1733-1804), der nicht weniger als acht neue Gase isolierte. Priestley stammte aus unitaristischen Kreisen, einer religiösen Gruppierung neben der anglikanischen Kirche, mit historisch betrachtet

– oft radikalen politischen Ideen, vor allem über Schulbildung für Arbeiter. Priestley war hier als Priester und Lehrer tätig.

Unterwegs nach London 1766 lernte er den amerikanischen Wissenschaftler Benjamin Franklin kennen, der ihn zur wissenschaftlichen Erforschung besonders elektrischer Phänomene inspirierte. Kurz darauf wurde Priestley Prediger in Leeds, wo er neben einer Brauerei wohnte. Bierbrauer und Chemiker wussten beide, dass sich über den Fässern mit gärendem Bier aus den aufsteigenden Bläschen eine Gasschicht bildet. Priestley bewies, dass dieses Gas mit der „festen Luft" von Joseph Black identisch ist (Kohlenstoffdioxid). Er versuchte daraufhin, das natürliche Perlen bestimmter Mineralwässer nachzuahmen. Dazu löste er das (in der Brauerei reichlich vorhandene) Kohlenstoffdioxid unter Druck in Wasser auf und stellte auf diese Weise kohlensäurehaltiges Wasser her. Diese Entdeckung, die er nicht patentieren lassen wollte, machte er durch Artikel und Vorträge überall bekannt und so wurde das Sodawasser in ganz Europa zum Hype.

Gasmann

In 1773 bot Lord Shelburne Priestley eine Stellung an, dank der er sich ganz der wissenschaftlichen Forschung widmen konnte. Priestley vertiefte sich in die pneumatische Chemie und verbesserte Hales' pneumatische Wanne, indem er Quecksilber anstelle von Wasser zum Auffangen der Gase verwendete. Auch gelang es ihm, mittels eines Vergrößerungsglases mit 30 cm Durchmesser Sonnenstrahlen zu bündeln und so sehr hohe Temperaturen zu erzeugen. Auf diese Weise isolierte er Gase wie Stickstoffmonoxid (NO), Distickstoffmonoxid (N_2O, Lachgas), Schwefeldioxid (SO_2) und Ammoniak (NH_3).

Um 1772 entdeckte Priestley den Prozess der Fotosynthese, womit er bewies, dass Pflanzen ein Gas produzieren, das Tiere zum Atmen brauchen. 1774 gelang es ihm, dieses Gas synthetisch zu erzeugen. Dazu erhitzte er mit seinem Vergrößerungsglas den roten Metallkalk von Quecksilber, ein Puder, der bei der Verbrennung von Quecksilber in der Luft entsteht (heute als Quecksilber[II]oxid, HgO bekannt). Bei ausreichend starker Erhitzung verwandelt sich das Pulver wieder in Quecksilber, wobei ein geruch- und farbloses Gas freigesetzt wird, das eine Flamme zum hellen Aufleuchten bringt. Weitere Experimente bewiesen, dass dieses Gas gewöhnlicher Luft überlegen war: „Ich setzte eine Maus unter eine Glasglocke mit darin zwei 100-Gramm neuer Luft [...]. Bei normaler Luft hätte eine erwachsene Maus wie diese vielleicht eine Viertelstunde gelebt. In dieser Luft jedoch lebte meine Maus eine ganze Stunde lang [...] und überstand das Experiment völlig unbeschadet."

Priestley war theoretisch kein Erneuerer und Anhänger der Phlogiston-Theorie, er bezeichnete

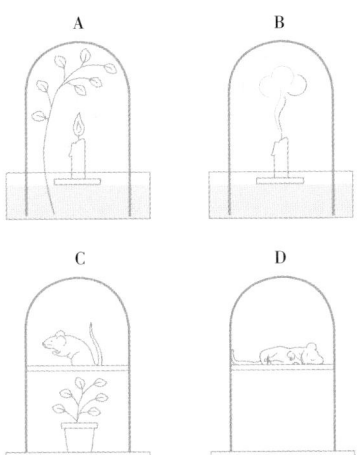

• Illustration der Grundprinzipien der Fotosynthese. Die Kerzenflamme und die Maus sind von der Sauerstoffproduktion der Pflanze abhängig. Die Pflanze wiederum ist vom Kohlenstoffdioxid abhängig, das Kerze und Maus produzieren.

sein neues Gas auch als dephlogistonierte Luft. Als er 1774 Lavoisier (s. nächste Seite) in Paris von seinen Experimenten erzählte, identifizierte dieser das neue Gas als Sauerstoff, womit die Phlogiston-Theorie widerlegt war.

DER MOB AN DER MACHT

Gegen Ende des 18. Jahrhunderts bekam die Wissenschaft eine stark politische Dimension – und kaum ein Wissenschaftler war politisch so engagiert wie Priestley. Als radikaler und öffentlicher Gegner der etablierten Kirche und Anhänger der französischen Revolution war er ein rotes Tuch für antirevolutionäre Kreise in England. Am 14. Juli 1791, dem zweiten Jahrestag der Bestürmung der Bastille, wurde sein Haus in Birmingham von Randalierern angegriffen und niedergebrannt. Zwar konnte er mit seiner Familie nach London fliehen, musste jedoch später doch nach Amerika ins Exil gehen. Da Priestley sich halsstarrig weigerte, die Phlogiston-Theorie aufzugeben, lebte und starb er dort in zunehmender Isolation von der wissenschaftlichen Gemeinschaft.

LAVOISIER UND DIE CHEMISCHE REVOLUTION

Antoine-Laurent Lavoisier, der Vater der „chemischen Revolution", war der größte Chemiker seiner Zeit. Zwar entdeckte er keine neuen Elemente, aber er machte die Chemie zur modernen Wissenschaft. Er erforschte die Funktion von Sauerstoff, definierte den Begriff „Element" und führte die erste wissenschaftliche Nomenklatur ein. Schließlich fiel er der Schreckensherrschaft zu Zeiten der französischen Revolution zum Opfer.

Die besten und teuersten Instrumente

Antoine-Laurent Lavoisier (1743-1794), Sohn eines reichen Rechtsanwalts, studierte zunächst Jura, bevor er sich der Forschung widmete. Er begann als Geologe und Mineraloge und widmete sich schließlich der Chemie. Lavoisier richtete sich ein Laboratorium ein, um mit seinen Forschungen Mitglied der berühmten Académie des Sciences werden zu können. Anschließend erhielt er 1768 eine Stellung als Hauptzollpächter bei der Ferme Générale, einem Privatkonsortium, das Steuern für den König eintrieb.

Hiermit konnte er seine Forschungen und die dafür benötigen teuren Präzisionsinstrumente finanzieren. (Die Anstellung bei der Ferme Générale sollte ihm in der Französischen Revolution zum Verhängnis werden).

Ab 1772 konzentrierte sich Lavoisier auf die pneumatische Chemie und experimentierte mit der Verbrennung von Phosphor und Schwefel, die beide, – so entdeckte er – bei Verbrennung in Luft schwerer werden. Auch beobachtete er, wie bei der Erhitzung von Bleiglätte (Blei[II] oxid, ein Bleierz) mit Holzkohle (Kohlenstoff) die Bleiglätte zu Blei reduziert wird,

• LAVOISIERS GRÖSSTER IRRTUM

Auch Lavoisier war nicht unfehlbar. In seinem neuen System nahm ein hypothetisches Prinzip der Wärme („Wärmestoff") eine zentrale Stellung ein. Obwohl eine „unberechenbare Größe" – ein nicht wahrnehmbarer Stoff ohne Masse – sollte sich dieser Wärmestoff wie eine Flüssigkeit oder ein Gas verhalten. Lavoisier behauptete außerdem, Sauerstoffgas sei eine Verbindung von Sauerstoff und Wärmestoff, wobei letztgenannter die Gasphase verursache. Dieser Gedanke war ein Irrweg wie das Phlogiston und nur eine neue Version der überholten Idee des Feuerelements (s. S. 98-99).

wobei ein Gas entweicht und das Metall
an Gewicht verliert.

Lavoisier sprach von „einer der
interessantesten Entdeckungen seit der Zeit
von Stahl". Seine Entdeckung widersprach
der Phlogiston-Theorie, denn diese
behauptete, dass bei der Reduktion von
Erz zu Blei nichts verloren gehe, sondern
gerade etwas hinzukomme. Lavoisier
unternahm also den ersten Schritt zur
Widerlegung des Mythos vom Phlogiston.

Die beste Luft zum Atmen

1774 erfuhr Lavoisier von Priestleys
„dephlogistonierter Luft". Als er damit
experimentierte, wurde ihm rasch klar,
dass dieses Gas das gemeinsame Binde-
glied der Prozesse von Verbrennung,
Reduktion, Atmung, Gärung und
Versäuerung ist! Wie Priestley vor ihm
bewies Lavoisier, dass dieses Gas
Bestandteil der Atmosphäre ist und das
Leben auf der Erde ermöglicht. Er nannte

es deshalb zunächst „die beste Luft zum
Atmen" und zeigte, dass es durch Verbrennung und Atmung in die „fixe Luft"
umgesetzt wird, die Joseph Black entdeckt
hatte. 1777 veröffentlichte Lavoisier eine
neue „Allgemeine Theorie der Verbrennung", die die Phlogiston-Theorie ersetzen
sollte. Er gab seinem Verbrennungsprinzip
einen neuen Namen: Oxygenium, (Sauerstoff). Seine Forschungen nach den drei
häufigsten Mineralsäuren – Salpeter-,
Phosphor- und Schwefelsäure –, sowie einer
neuen Oxalsäure aus organischer Quelle,
hatten in allen vier Säuren Sauerstoff
nachgewiesen. Lavoisier schlug deshalb vor:
„Ab jetzt bezeichne ich dephlogistonierte
und zum Atmen beste Luft in festem
Zustand als das Prinzip der Säuerung oder,
wenn man ein griechisches Wort bevorzugt,
das Element Oxygenium" (griechisch für
„Säuremacher").

Mit dieser neuen Theorie bewies
Lavoisier, dass die Phlogiston-Theorie die
Wirklichkeit falsch wiedergab. Bei
Verbrennung, Atmung und Rostbildung
wird Sauerstoff hinzugefügt, bei der
Reduktion geht Sauerstoff verloren. Fixe
Luft entsteht durch die Verbindung von
Holzkohle und Sauerstoff. Als es Lavoisier
gelang, durch die Verbrennung von
Wasserstoff in Sauerstoff Wassertröpfchen
zu erzeugen, passte alles zusammen und er
konnte nachweisen, dass Wasser keine
„dephlogistonierte" Luft ist (wie Cavendish
behauptet hatte), sondern eine Verbindung
von Hydrogen (nach dem griechischen

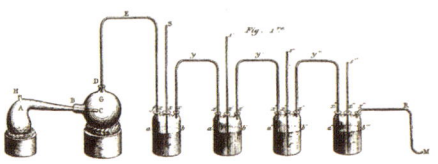

„Wassermacher", also Wasserstoff) und Sauerstoff.

Grundzüge der Chemie

Der Höhepunkt von Lavoisiers Karriere als Chemiker ist sein Werk *Traité Elémentaire de Chimie* (Grundzüge der Chemie) aus 1789. Dort erläutert er sein modernes, wissenschaftliches Konzept: „Wir dürfen nur den Tatsachen trauen, denn sie stammen aus der Natur und können uns nicht täuschen. Wir sollten – und zwar in jedem einzelnen Fall – unsere Argumente experimentell überprüfen und die Wahrheit ausschließlich über den natürlichen Weg des Experiments und der Wahrnehmung suchen." Eine wichtige Errungenschaft von Lavoisiers Chemie ist außerdem die neue und

endgültige Definition des Begriffs Element: „Der letzte Punkt, den die Analyse erreichen kann" –, ein Stoff, der nicht weiter zersetzbar ist. Lavoisier erkannte also die Möglichkeit an, dass sich manche damals nicht teilbaren Stoffe dank fortschreitender Technik doch als Verbindungen herausstellen würden. Tatsächlich stellten sich einige der 33 Elemente seiner Liste als Oxide heraus! Auch prophezeite er, dass bestimmte alkalische Erden (feste Elemente, die nicht weiter zersetzbar waren) sich doch als Metalloxide

• Illustrationen von Geräten aus Lavoisiers Laboratorium in der Traité Elémentaire durch Madame Lavoisier.

• **MADAME LAVOISIER, DIE GRANDE DAME DER CHEMIE**

Bei der Würdigung der Verdienste von Lavoisier vergisst man oft die wichtige Rolle seiner Frau: Marie-Anne Pierrette, geb. Paulze (1758-1836). Bei der Hochzeit war sie ganze 14 Jahre alt. Marie-Anne war die Tochter eines Hauptzollpächters bei der Ferme Générale, wo Lavoisier gerade eine Stellung angetreten hatte. Nach ihrer Hochzeit fing sie zu studieren an, um ihren Mann bei seinen Forschungen zu unterstützen. Sie lernte Englisch, um Artikel und Berichte aus England lesen und *übersetzen zu können. Außerdem zeichnete sie und erlernte die Technik des Kupferstichs, um die Experimente ihres Mannes festzuhalten und seine Schriften zu illustrieren. So wurde sie im Lauf der Jahre zu seiner qualifizierten Assistentin im Laboratorium und war Gastgeberin in seinem* *wissenschaftlichen Salon. Nach dem Tod Lavoisiers blieb sie durch ihre Heirat mit dem englisch-amerikanischen Physiker Benjamin Thompson Graf Rumford der Wissenschaft verbunden. Die Ehe war jedoch nicht besonders glücklich – so soll sie einmal kochendes Wasser über Thompsons Blumen gegossen haben – und das Paar trennte sich einige Jahre später.*

• Eine Illustration von Madame Lavoisier: Lavoisier arbeitet in seinem Laboratorium.

DIE RACHE MARATS

Lavoisier war ein unglaublich begabter und vielseitiger Mensch. Außer seinen chemischen Forschungen war er in der königlichen Steuerbehörde und in zahlreichen anderen kommunalen und Regierungsinstanzen unermüdlich tätig. Er perfektionierte das Rezept für Schießpulver, so dass die junge Amerikanische Republik bei ihrem Kampf gegen die Engländer über hochwertiges Pulver verfügte. Er war Mitglied einer Kommission, die den Mesmerismus untersuchte und entlarvte – aber auch Mitglied einer Jury bei Ballonwettkämpfen. Lavoisier unterstützte die Pariser Behörden, als eine sehr unbeliebte Anti-Schmuggelmauer rund um die Stadt gebaut werden sollte. Auch an der Entwicklung des metrischen Systems war er beteiligt. Leider half Lavoisier keines dieser Verdienste, als er sich einem rachsüchtigen wissenschaftlichen Amateur gegenübersah.

Bevor er zu einem revolutionären Aufhetzer und Anstifter des Terrors wurde, war Jean-Paul Marat (1743-1793) ein ehrgeiziger Hobby-Wissenschaftler mit dem Ziel sich der Académie des Sciences anzuschließen. Lavoisier verhinderte dies jedoch. Marat, inzwischen mit enormer Macht ausgestattet, beschuldigte den großen Chemiker, Paris mit seiner verhassten Mauer „gefangen zu nehmen." Die Richter hatten taube Ohren für Lavoisiers Flehen um Gnade, auch sein langjähriger Einsatz für die liberale und revolutionäre Sache wurde durch seine Arbeit für die verhasste Steuerbehörde zunichte gemacht. Lavoisier wurde gemeinsam mit seinem Schwiegervater zum Tod verurteilt und starb am 8. Mai 1794 unter der Guillotine. Sein Kollege Joseph Lagrange veranlasste dies zur berühmten Bemerkung: „Sie brauchten nur einen Moment um diesen Kopf abzuschlagen, aber hundert Jahre genügen vielleicht nicht, einen ähnlichen hervorzubringen."

herausstellen würden. Tatsächlich gelang es später Humphry Davy mit der neuen Technik der Elektrolyse die alkalischen Erdmetalle aus ihren geschmolzenen Salzen zu isolieren (s. S. 142-143). Ein weiterer großer Beitrag Lavoisiers zur Chemie ist die „Balancemethode". Dank seiner hochempfindlichen Instrumente konnte er die quantitative Messung bei Reaktanten und Produkten in allen Phasen (fest, gasförmig, flüssig) perfektionieren. Dabei betonte er die Bedeutung genauer Messungen vor und nach einer Reaktion. Aus den Ergebnissen seiner Experimente leitete Lavoisier das Prinzip des Massenerhalts ab: „Wir können als unbestreitbares Axiom annehmen, dass bei allen künstlichen und natürlichen Reaktionen und Bearbeitungen keine neue Materie entsteht; die Menge Materie vor und nach dem Experiment ist gleich; Quantität und Qualität der Elemente bleiben unverändert, außer Veränderungen und Anpassungen in der Kombination der Elemente geschieht nichts. Auf diesem Prinzip beruht die Durchführung chemischer Experimente: Wir müssen grundsätzlich davon ausgehen, dass die Elemente in der untersuchten Probe vor und nach der Analyse exakt gleich sind."

14 Das Oxygenium

DIE AUFGABE:

Der Sauerstoff wurde – unabhängig voneinander – von Scheele und Priestley entdeckt, aber erst von Lavoisier als chemisches Element erkannt. Sauerstoff wird heute mittels fraktionierter Destillation flüssiger Luft auf industrieller Basis für Chemiker, Krankenhäuser und andere Benutzer produziert. Bei der Destillation wird Sauerstoff von Stickstoff und Argon getrennt. Wie berechnen wir das Volumen Sauerstoffgas, das bei 20 °C und 1 pA Druck bei der Verdampfung von 70 l flüssigem Sauerstoff entsteht?

DIE METHODE:

Zunächst errechnen wir anhand der Dichte die Masse von 70 l flüssigem Sauerstoff. Mit der relativen Molekül-masse von van O_2 – 32 (bei Stan-dardtemperatur und -druck binden sich 2 Atome zu einem Disauerstoffmolekül) ermitteln wir die Stoffmenge Mol in den 70 l. Anschließend berechnen wir mit dem idealen Gasgesetz $PV = nRT$ das Volumen O_2-Gas bei 20 °C und 1 pA Druck.

DIE LÖSUNG:

Das Volumen ist 70 l. Zur Berechnung der Masse müssen wir die Dichte von Sauerstoff als Flüssigkeit kennen: 1,141 kg pro Liter. Hier die Formel zur Berechnung der Masse einer Flüssigkeit:

$$\text{Masse} = \text{Dichte} \times \text{Volume}$$

Jetzt geben wir die Werte für die Dichte des Sauerstoffs ein:

$$1{,}141 \times 70 = 79{,}87 \text{ kg } (79.870\text{g}).$$

Wenn wir die Masse kennen, lässt sich die Stoffmenge Mol leicht berechnen:

$$79.870 / 32 = 2495,94 \text{ Mol}$$

Anschließend berechnen wir das Volumen dieser Masse Sauerstoff bei 20 °C. Dazu verwenden wir das sogenannte ideale Gasgesetz: $PV = nRT$. In dieser Gleichung steht P für Druck, V für Volumen, N für die Stoffmenge Mol und T für Temperatur. R bezeichnet die sogenannte ideale Gaskonstante, ein wichtiger Begriff in der Physik, auf den wir hier nicht weiter erklären. Der Wert dieser Gaskonstante beträgt 0,082. Die Temperatur muss in dieser Gleichung allerdings in Kelvin (K) umgerechnet werden: 0 °C entspricht 273 K; deshalb sind 20 °C in Kelvin 273 + 20 = 293 K.

Zur Berechnung des Wertes von V verändern wir die Gleichung in $V = nRT / P$. Wie bereits erwähnt, lauten die entsprechenden Werte:

$n = 2495,94$ Mol
$R = 8,314$ J Mol1 K1
$T = 293$ K
$P = 1$ x 105 Pa

Damit sieht die Gleichung folgendermaßen aus:

$$2495,94 \text{ x } 0,082 \text{ x } 293 = 59.967 \text{ Liter.}$$

Der Kochpunkt flüssigen Stickstoffs (-196 °C) ist niedriger als der flüssigen Sauerstoffs (-183 °C). Deswegen kann flüssiger Stickstoff den Sauerstoff aus der Luft kondensieren. Dabei ist jedoch Vorsicht geboten, denn nachdem der meiste Stickstoff verdampft ist, kann es zu einer explosiven Reaktion des restlichen flüssigen Sauerstoffs mit organischem Material kommen. Umgekehrt lässt sich flüssiger Stickstoff durch Kontakt mit Luft mit Sauerstoff anreichern. Atmosphärisches O_2 löst sich hierin auf, während N_2 vorzugweise verdampft.

Alle lebenden Organismen verwenden Sauerstoff zur Atmung. Bei diesem Prozess werden Nährstoffe in den Zellen mittels Sauerstoff in Energie für den Stoffwechsel umgesetzt. Medizinischer Sauerstoff wird zum Beispiel für Lungenkranke verwendet, aber auch für Taucher und Astronauten. In der Industrie wird Sauerstoff vor allem zum Schmelzen, Schweißen und Schneiden von Metall verwendet. Bei Schweißgeräten mit Ethin- und Knallgas bewirkt Sauerstoff die extremen Temperaturen (ca. 3000 °C), die zum Schmelzen der Metalle erforderlich sind. In Raumfahrzeugen dient flüssiger Sauerstoff zusammen mit flüssigem Stickstoff als Brennstoff, der die erforderliche Schubkraft zum Starten einer Rakete liefert. So verwendete das Space Shuttle der NASA externe Tanks (ET) mit flüssigem Stickstoff als Brennstoff und flüssigem Sauerstoff als Oxidationsmittel.

SAUERSTOFF UND REDOXREAKTIONEN

Die Entdeckung des Sauerstoffs durch Lavoisier revolutionierte die Chemie, denn Sauerstoff ist einer der wichtigsten chemischen Stoffe. Er ist nicht nur ein unverzichtbares chemisches Element. Seine Art, Verbindungen und Ionen zu bilden – die Reduktions-/Oxidationsreaktion, als Redoxreaktion bekannt – spielt bei den wichtigen chemischen Prozessen der Verbrennung in der Elektrochemie, Atmung und Fotosynthese, sowie in Säuren und Basen eine zentrale Rolle.

Bindungen mit Sauerstoff: Regeln

Die äußere Schale von Sauerstoff enthält nur sechs Elektronen, so dass zwei weitere erforderlich sind um die Oktettregel zu erfüllen: Sauerstoff besitzt demnach die Valenz 2 (s. S. 78). Bei der Bindung mit Sauerstoff (Oxidation) gibt also ein anderes Element – in Ionen- oder kovalenter Form – zwei Elektronen an Sauerstoff ab. Wenn eine Bindung dagegen Sauerstoff verliert (Reduktion), erhält das Element diese zwei Elektronen wieder zurück.

Die Begriffe Reduktion und Oxidation beziehen sich nicht nur auf Reaktionen mit Sauerstoff, sondern auf alle Reaktionen, bei denen Elektronen aufgenommen oder abgegeben werden. Da eine Reaktion nicht ohne die andere existieren kann, sind Reduktion und Oxidation zwei Seiten derselben Medaille: Es sind Halbreaktionen die zusammen die Redoxreaktion bilden. Als wichtigsten Punkt sollte man sich merken, dass Reduktion die Aufnahme und Oxidation die Abgabe von Elektronen bedeutet.

Reduktion und Oxidation

Redoxreaktionen wie Verbrennung und Rosten, Neutralisierung, elektrochemische und Verdrängungsreaktionen haben wir bereits kennengelernt. Durch die vielen verschiedenen Prozesse in denen Redoxreaktionen eine Rolle spielen, gibt es drei Definitionen für Reduktion und Oxidation. Reduktion kann die Aufnahme von Elektronen, die Abgabe von Sauerstoff und die Aufnahme von Wasserstoff bedeuten. Alle drei Prozesse sind gleichwertig, weil unter dem Strich ihre negative Ladung zunimmt. Beispiele: Geht ein Zinkkation in Zink über, so ist es durch die Aufnahme von Elektronen reduziert. Wenn sich roter Metallkalk von Quecksilber (Quecksilberoxid, HgO) durch Erhitzung in Quecksilber und Sauerstoff zersetzt, so wird dieser Stoff durch die Abgabe von Sauerstoff reduziert. Werden Kohlenmonoxid (CO) und Wasserstoffgas (H_2) zu Methylalkohol vermischt (CH_3OH), so wird Kohlenmonoxid durch die Aufnahme von Wasserstoff reduziert.

Oxidation bedeutet entweder die Abgabe von Elektronen, die Aufnahme von

OXYDATIONSZAHLEN

Die Oxidationszahl bezeichnet die scheinbare Ladung eines Atoms oder Ions in einer Verbindung, bzw. die Ladung, die es bei einer vollständigen Übertragung von Elektronen hätte. Bei einer Ionenbindung werden die Elektronen vollständig übertragen, folglich entspricht die Oxidationszahl eines einatomigen Ions seiner Ladung (so beträgt die Oxidationszahl von Ag^+ ist $+1$ und von Ca^{2+} ist $+2$). Bei einer kovalenten Bindung werden die Elektronen zwar geteilt, jedoch von einem der betroffenen Atome stärker angezogen, was diesen Atomen eine Scheinladung gibt. So werden die Elektronenpaare in Wasser bei einer kovalenten Bindung stärker vom Sauerstoffatom angezogen und hat dieses Atom deshalb eine Scheinladung von $^{2-}$ aund eine Oxidationszahl von -2. Jedes Wasserstoffatom hat $+1$. Mittels dieser Oxidationszahlen können Chemiker berechnen, in welchem Verhältnis Elemente sich untereinander verbinden, ohne jede Verbindung auswendig lernen zu müssen. Manche Elemente, vor allem Metalle, haben unter verschiedenen Umständen unterschiedliche Oxidationszahlen. Diese werden in Klammern in römischen Ziffern angegeben. So hat Kupfer (I) die Oxidationszahl $+1$ und Kupfer (II) $+2$.

Sauerstoff oder die Abgabe von Wasserstoff. Wenn Natrium und Chlor zu Tafelsalz gemischt werden (Na + Cl $\longrightarrow$ NaCl),so oxidiert das Natrium, indem es ein Elektron an das Chlor abgibt. Bei Verbrennung von Kohlenstoff oxidiert das Kohlenstoffdioxid durch die Aufnahme von Sauerstoffatomen; wird die Methylalkohol-Reaktion umgekehrt: ($CH_3OH \longrightarrow CO + 2H_2$), so oxidiert der Methylalkohol durch die Abgabe von Wasserstoff zu Kohlenmonoxid. Die negative Ladung nimmt also ab.

Verdrängungsreaktionen

Bei diesen Reaktionen geht die Reduktion des einen Stoffes einher mit der Oxidation des anderen und umgekehrt. Ein schönes Beispiel sind Verdrängungsreaktionen, wie die Verdrängung von Silber aus einer Nitratlösung durch Kupfer:

$$Cu(s) + 2AgNO_3(aq) \longrightarrow$$
$$Cu(NO_3)_2(aq) + 2Ag(s)$$

Wenn das Silbernitrat in eine Lösung gegeben wird, löst es sich in Ionen auf ($Ag^+ + NO_3^-$). Diese Nitrat-Ionen werden als Zuschauer-Ionen bezeichnet, weil sie sich nicht an der Reaktion beteiligen. In Wirklichkeit oxidiert das Silber-Ion das Kupfer (bzw. das Oxidationsmittel), während das Kupfer das Silber reduziert. Die Ionengleichung zeigt nur die aktiven Ionen:

$$Cu(s) + 2Ag^+(aq) \longrightarrow Cu^{2+}(aq) + 2Ag(s)$$

Zerlegen wir diesen Prozess in seine Halbreaktionen, so wird die Übertragung von Elektronen bei der Redoxreaktion sichtbar (e– bedeutet Elektron):

$$Cu(s) \longrightarrow Cu^{2+}(aq) + 2e^- \text{ [Oxidation]}$$
$$2Ag+(aq) + 2e^- \longrightarrow 2Ag(s) \text{ [Reduktion]}$$

WASSERSTOFF UND DIE BALLON-HYSTERIE

Wasserstoff ist in vielerlei Hinsicht das Urelement. Als erstes Naturelement, im Urknall entstanden, steht er auch an erster Stelle im Periodensystem der Elemente. Als im Weltall am häufigsten vorkommendes Element macht er den allergrößten Teil des Kosmos aus. Wasserstoff könnte der Schlüssel zu einer umweltfreundlichen Zukunft werden, aber noch ist er am berühmtesten wegen seiner Verwendung in der Ballonfahrt.

Das Urelement

70 bis 80 % des wahrnehmbaren Universums bestehen aus Wasserstoff, so Steven Weinberg, Astrophysiker an der Harvard-Universität. Das Element bildet ungefähr drei Viertel der Gesamtmasse des Weltalls und mehr als 90% aller Moleküle. Obwohl Cavendish Wasserstoff als neues Element bezeichnete, war es schon von mittelalterlichen Alchemisten entdeckt worden. Dies ist nicht weiter erstaunlich, denn die Alchemisten mischten starke Säuren und Metalle, wobei Wasserstoff frei wird. Schon im 17. Jahrhundert stießen die Franzosen Theodore Turquet de Mayerne (1573-1655) und Nicolas Lemery (1645-1715) auf Wasserstoff, als sie Eisen mit Salzsäure in Kontakt brachten. Dass Wasserstoff kräftig brannte, fiel ihnen natürlich auf, aber sie nahmen mit Paracelsus an, es handle sich um eine Erscheinungsform von Schwefel. Erst als Lavoisier die Experimente von Cavendish in allen Einzelheiten wiederholte und es ihm dabei gelang, Wasser in seine Bestandteile zu zerlegen, wurde Wasserstoff als Element erkannt.

Cavendish hatte mit Wasserstoff Seifenblasen geblasen und dabei ihren Auftrieb bemerkt. Lavoisier gelang es, diese Eigenschaft genau zu messen und stellte fest, dass Wasserstoff 13-mal leichter ist als normale Luft. Daraus ergab sich eine spektakuläre Verwendungsmöglichkeit dieses Gases, die rasch berühmt werden sollte. 1782 träumte Joseph-Michel Montgolfier (1740-1810), der gemeinsam mit seinem Bruder eine Papierfabrik besaß, von einer französischen Invasionsarmee, die an gasgefüllten Säcken hängend nach Gibraltar fliegen sollte! Im nächsten Jahr nahmen die Brüder Montgolfier Heißluft als Auftriebsmittel, aber am 27. August 1783 erreichte Jacques Alexandre Charles (1746-1823) in Paris mit seinem seidenen Ballon mit Wasserstofffüllung einen viel stärkeren Auftrieb.

Ein Weg in den Himmel

Im September des gleichen Jahres sorgten die Montgolfiers für eine Sensation, als sie bei Versailles einen Heißluftballon mit einem Schaf, einer Ente und einem Hahn aufsteigen ließen. Ganz Europa geriet in

DIE KOHLE DER ZUKUNFT

Die Oxydation von Wasserstoff – entweder durch Verbrennen oder mit der sicheren Methode elektrochemischer Verbindung zur Erzeugung von Energie in einer Brennstoffzelle – wird überall als die Energie der Zukunft angepriesen. Wasserstoff wird durch die Zerlegung von Wasser erzeugt, und seine Verbrennung produziert nur Wasser.

Schon 1874 ließ Jules Verne einen der Akteure in einer Novelle verkünden: „Ich glaube, dass eines Tages das Wasser als Treibstoff verwendet werden wird. Seine Bestandteile Wasserstoff und Sauerstoff werden zu einer unerschöpflichen Quelle von Wärme und Licht werden. Wasser wird die Kohle der Zukunft sein!"

Begeisterung! Sir Joseph Banks, der Vorsitzende der Royal Society, erklärte, das „aerostatische Experiment" der Montgolfiers habe „einen Weg in den Himmel" geöffnet und ein „neues Zeitalter" eingeläutet. Jetzt wartete man voller Spannung auf den ersten fliegenden Menschen.

Am 1. Dezember 1783 war es soweit: in Paris stiegen Jacques Alexandre César Charles und ein Assistent in einem Wasserstoffballon auf, der in allem unserem Luftballon ähnelt: ein geflochtener Korb, ein mit Gummi beschichteter luftdichter Ballon aus Seide, ein Ventil zum Ablassen des Gases und ein Ballastsystem. Der Flug wurde von 400.000 Zuschauern bewundert, der Hälfte der Pariser Bevölkerung! „Mit der Ballonfahrt hat die Wissenschaft eine wirkungsvolle neue Formel gefunden" schreibt Biograf Richard Holmes: „Chemie plus Spektakel bedeutet Publikum plus Bewunderung plus Geld." Obwohl

viele Menschen von der schieren Möglichkeit der Ballonfliegerei entzückt waren zweifelten andere an ihrer Brauchbarkeit. Samuel Johnson meinte: „Ich kann nicht erkennen, wie Luftballone jemals etwas Nützliches leisten könnten." Aber er sollte Unrecht behalten. Am 16. September 1804 unternahm Joseph Gay-Lussac in Paris einen Flug mit einem Wasserstoffballon, bei dem er eine Höhe von nicht weniger als 7017 m erreichte. Dabei führte er Messungen durch und konnte feststellen, dass die Luft selbst in dieser Höhe noch ausreichend Sauerstoff zum Atmen enthielt – er überlebte den Flug. In der Folgezeit nahm die ursprüngliche Begeisterung etwas ab. Es wurde aber weiter Wasserstoff für Ballonfahrten verwendet, bis zur Erfindung des Zeppelins Helium zum Einsatz kam.

• Am 21. November 1783 machten Jean-François Pilâtre de Rozier und François Laurent d'Arlandes in einem riesigen Montgolfier den ersten dokumentierten Ballonflug.

EINE SYSTEMATISCHE NOMENKLATUR

Lavoisier und seine Französische Schule hinterließen der Chemie außer vielen Entdeckungen auch eine neue wissenschaftliche Sprache. Dieses neue System ersetzte die verwirrenden und widersprüchlichen Namen und Begriff, die im Laufe der Entwicklung der Chemie entstanden waren, durch klare Definitionen und Begriffe. Es wird bis heute verwendet.

Die babylonische Sprachverwirrung

Alchemie und Experimentierfreude schufen im Laufe der Jahrhunderte ein farbenfrohes und chaotisches Durcheinander von Namen und Begriffen, die aus verschiedenen Traditionen, Sprachen und Regionen stammten. Sie lassen sich zurückführen auf einen Ort, ein Verfahren, subjektive Eigenschaften den Entdeckernamen oder esoterische Faktoren wie Astrologie oder vermeintliche magische Einflüsse. Ein und derselbe chemische Stoff konnte unterschiedliche Namen haben, weil es mehrere historische Quellen gab oder er in unterschiedlichen Verfahren gewonnen wurde. So wurde zum Beispiel Salpetersäure bei der Destillation aus Salpeter *Aqua Fortis*, aber auch Salpeteröl genannt. Aus einem Namen wie *Aqua Regia* (Königswasser) lässt sich die Gesellschaftsform ableiten. Begriffe wie „Erde", „Öl" und „Luft" waren wenig spezifisch oder konsequent. Manche Stoffe hatten in gelöstem und festem Zustand unterschiedliche Namen.

Reform

Diese Sprachverwirrung wurde immer mehr zum Problem, da man im Lauf des 18. Jahrhunderts immer mehr neue Elemente und Verbindungen entdeckte und dafür Namen brauchte. Es wurden verschiedene Versuche zur Standardisierung der Namensgebung (Nomenklatur) unternommen. Inspiriert von Linnaeus' binominaler Nomenklatur für die Botanik entwickelte der schwedische Chemiker Torbern Bergman ein ähnliches System für die Chemie, das wiederum den französischen Chemiker Louis-Bernard Guyton de Morveau (1737-1816) inspirierte. In einer Abhandlung von 1782 schlug er vor, den chemischen Stoffen kurze Namen zu geben, zusammengesetzt aus ihren Eigenschaften in lateinischer Sprache. 1787 veröffentlichte er zusammen mit Lavoisier und den französischen Chemikern Antoine-Francois de Fourcroy und Claude-Louis Berthollet seine *Méthode de Nomenclature Chimique*.

• Louis-Bernard Guyton de Morveau (1737–1816).

Das System in dieser Methode
entsprach zwar Guyton de Morveaus Kriterien, war aber in vielerlei Hinsicht
umstritten, denn es ging von Lavoisiers
Theorien aus, die viele – vor allem
deutsche und britische – Chemiker für
unbewiesen hielten. So waren etwa die

Namen gemischter Stoffe (Verbindungen)
eine Kombination der Namen der einfachen
Stoffe (Elemente) aus denen sie bestanden.
Aber hierbei ging Lavoisier von seiner
eigenen seiner Auffassung aus, dass viele
bekannte Substanzen wie Wasser in
Wirklichkeit gemischte Stoffe waren. So
wurde im neuen System Bleiglanz oder
weißes Blei zum Bleioxid, während Stinkgas
als „geschwefeltes Wasserstoffgas" bezeichnet wurde.

Es wurden nur 33 Stoffe als Elemente
aufgenommen (einige stellten sich später als
Oxide heraus), das Phlogiston kam nicht
mehr vor. Neu entdeckte Elemente wie
Sauerstoff und Wasserstoff wurden jetzt nach
ihren chemischen Eigenschaften anstatt nach
subjektiven oder sozialkulturellen Faktoren
benannt, aber die Namen waren immer noch
aus den Theorien Lavoisiers abgeleitet. Die
Endungen der Namen und ihre Reihenfolge
verwiesen auf das Verhältnis der Stoffe
zueinander: So nahm man an, dass das
Säureelement (Sauerstoff) in „Schwefelsäure"
stärker vorhanden sei als in der „schwefligen
Säure".

Für Lavoisier war die Reform der
Namensgebung für die Wissenschaft der
Chemie von zentraler Bedeutung. *Une
Langue bien faite est une science bien faite*
(Korrekte Sprache ist eine Bedingung für
gute Wissenschaft). Im Vorwort seiner *Traité
Elémentaire* schreibt er:

„Da unsere Ideen durch Worte aufbewahrt und weitergegeben werden, ergibt
sich daraus unvermeidlich, dass wir mit der Verbesserung der Sprache der
Wissenschaft diese verbessern und umgekehrt eine Wissenschaft nicht verbessern können ohne die dazugehörige Sprache oder Nomenklatur zu verbessern."

DIE AUFGABE:

Der französische Chemiker Antoine Laurent Lavoisier führte mit einigen seiner Kollegen eine systematische Nomenklatur zur Namensgebung anorganischer Verbindungen ein, die immer noch verwendet wird. Mit der Entwicklung der modernen organischen Chemie wurde ein neues System entwickelt: die sogenannte IUPAC-Nomenklatur (International Union of Pure and Applied Chemistry), die für alle anorganischen, organischen und jetzt auch biochemischen Verbindungen gilt. Wir wollen dieses System am Beispiel von Kohlenwasserstoffverbindungen im Benzin erläutern. Welche Kohlenwasserstoffe enthält Benzin, und wie heißen sie?

DIE METHODE:

Kohlenwasserstoffe sind organische Verbindungen. Sie enthalten also Verbindungen zwischen Kohlenstoff und Wasserstoff (C–H), sowie zwischen Kohlenstoff und Kohlenstoff (C–C), wo Kohlenstoff sich mit anderen Kohlenstoffatomen verbindet. Beide Bindungen sind Grundbausteine unserer materiellen Welt. Jedes Kohlenstoffatom kann sich mit vier anderen gleichartigen oder unterschiedlichen Atomen binden. Kohlenstoff kann auch zwei- oder dreifache Bindungen mit sich selbst und einem oder zwei anderen Elementen bilden. Die einfachste Gruppe organischer Verbindungen besteht aus Kohlenwasserstoffen (CH) mit ausschließlich Kohlenstoff- und Wasserstoffatomen. Bei einem gesättigten Kohlenwasserstoff oder Alkan sind alle Kohlenstoffbindungen einfach, (C–C–

C–C), sie werden auch als Kohlenstoffketten bezeichnet. Alkane unterscheiden sich von untereinander nur in der Zahl der Kohlenstoffatome in der Kette. Das einfachste Alkan ist Methan (CH_4), das ein Kohlenstoff- und vier Wasserstoffatome enthält. Es folgt Ethan (C_2H6) mit zwei Kohlenstoffatomen. Die Gesamtzahl der Wasserstoffatome erhält man durch Verdopplung der Zahl der Kohlenstoffatome plus 2. Ethan hat also sechs Wasserstoffatome.

DIE LÖSUNG:

Wir beginnen mit der Kohlenstoffzahl 1 und merken uns, dass Kohlenstoff sich mit vier Atomen binden kann. Daraus lassen sich folgende Namen und Strukturen der Alkane ableiten:

Methan (CH_4),
Ethan CH_3CH_3 (C_2H_6),
Propan $CH_3CH_2CH_3$ (C_3H_8),
Butan $CH_3CH_2CH_2CH_3$ (C_4H_{10}),
Pentan $CH_3CH_2CH_2CH_2CH_3$ (C_5H_{12}),
Hexan $CH_3(CH_2)_4CH_3$ (C_6H_{14}),
Heptan $CH_3(CH_2)_5CH_3$ (C_7H_{16}),
Oktan $CH_3(CH_2)_6CH_3$ (C_8H_{18}),
Nonan $CH_3(CH_2)_7CH_3$ (C_9H_{20}),
Decan $CH_3(CH_2)_8CH_3$ ($C_{10}H_{22}$).

Bei der Verbrennung von Kohlenwasserstoffen entsteht Wasser, Kohlenmonoxid (bei unvollständiger Verbrennung), Kohlenstoffdioxid (bei vollständiger Verbrennung) und Energie zum Betrieb von Motoren und zur Erzeugung von Elektrizität. Unvollständige Verbrennung oder das Verdampfen fossiler Brennstoffe führen zu Luftverschmutzung. Kohlenwasserstoffe die sich in Auspuffgasen mit Stickstoffoxid verbinden (NOx) können unter Einfluss von ultraviolettem Sonnenlicht das giftige Ozon (Trisauerstoff) bilden. Dieses Ozon sammelt sich auf dem Boden und ist ein wichtiger Bestandteil fotochemischen Smogs, einer Form der Umweltverschmutzung, die in vielen Großstädten zu großen Gesundheitsproblemen führt. Diese Konzentration von Ozon am Boden hat nichts mit der Ozonschicht in der Stratosphäre zu tun. Katalysatoren im Auspuff von Fahrzeugen tragen dazu bei, den Ausstoß giftiger Stoffe zu verringern.

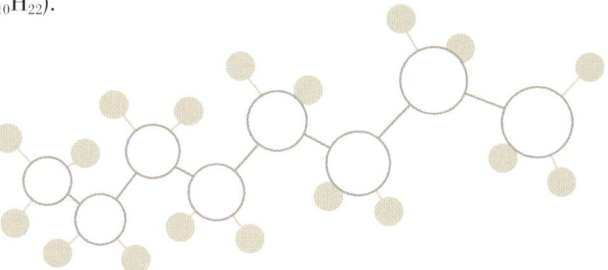

• Schematisches Modell eines Oktanmoleküls. Der Name Oktan verweist auf eine wichtige strukturelle Eigenschaft: Es handelt sich um ein Alkan mit acht Kohlenstoffatomen.

Atome und Ionen

Lavoisiers revolutionäre Ideen veränderten die Chemie und inspirierten eine neue Generation von Wissenschaftlern. Der jungen Wissenschaft fehlten jedoch noch Konzepte, wie sie Newton in der Physik bereits eingeführt hatte: einfache mathematische Prinzipien und Gesetze, die auch die Chemie zu einer quantitativen Wissenschaft machen könnten. Dieses Kapitel beschreibt einige dieser Prinzipien und ihre Entdeckung; Sie sollten sich als faszinierende neue Instrumente zur Analyse der Materie erweisen.

ATOMGEWICHTE UND ATOMTHEORIE

Die Chemie hatte sich inzwischen zwar zu einer respektablen
Wissenschaft entwickelt, aber viele Aspekte waren immer noch rätselhaft.
Welche Stoffe waren Elemente? Woraus bestanden die Elemente? Wie
fügten sich Elemente zu Verbindungen zusammen und welche Formeln
sollten sie erhalten? Der Mikrokosmos der Materie erschien vielen
unzugänglich, aber ein erstaunlich einfaches Konzept sollte viele dieser
Fragen beantworten.

Feste Proportionen

Schon im 17. Jahrhundert hatten
Korpuskularisten wie Boyle dem
Atomismus neues Leben eingeblasen,
und die meisten Wissenschaftler
akzeptierten die entsprechenden
Spekulationen Newtons in seinen
Principia. Für Newton bestand die
Materie aus getrennten, unteilbaren
Teilchen, die sich gegenseitig anzogen
oder abstießen, vergleichbar mit der
Schwerkraft im Kleinen. Er formulierte
damit eine Alternative zur Philosophie
der alten Griechen, nach der Teilchen
aufgrund ihrer Form miteinander
reagieren. Der Mikrokosmos der Atome
war für Newton Spiegelbild des Makrokosmos, der Planeten und Monde.

Dies klang zwar plausibel, hatte aber
ohne geeignete Technik zur Erforschung
von Atomen wenig praktischen
Nutzen. 1788 entdeckte der französische
Chemiker Joseph-Louis Proust (1754-
1826) das Gesetz der konstanten
Proportionen. Bis dahin hatte man

angenommen, dass die Zusammensetzung
einer Verbindung variieren könne, so dass
zum Beispiel bestimmte Wassermengen
theoretisch mehr Sauerstoff enthalten
könnten als andere, oder eine bestimmte
Zubereitung von Kupfercarbonat eine
Verbindung mit mehr Kupfergehalt ergeben
könnte als zum Beispiel ein Kupfermineral.
Prousts Analyse widerlegte diese Lehre: Die
Zusammensetzung von Kupfercarbonat ist
immer gleich, gleichgültig wie das Kupfer
gewonnen wird. Diese Regel gilt für alle
Verbindungen: Ihre Elemente stehen in
einfachen festen Gewichtsverhältnissen
zueinander, die sich meist in ganzen Zahlen
ausdrücken lassen.

Ein neues System

John Dalton (s. S. 122-123) gelang es, das
Proustsche Gesetz mittels einer Atomtheorie zu begründen: Verbindungen entstehen
durch die Kombination getrennter
Teilchen, deren Gewicht in ganzzahligen
Verhältnissen zueinander steht. 1808
veröffentlichte Dalton *A New System of*

DIE EINFACHHEIT DER NATUR

Obwohl die Begriffe Atommasse und Atomgewicht oft durcheinander verwendet und beide in Atommasseneinheiten (**u**) gemessen werden, unterscheiden sie sich voneinander. Die Atommasse ist die Massenzahl eines Atoms, also die Summe der Protonen und Neutronen im Kern. Die Masse eines Protons oder Neutrons beträgt ein Zwölftel der Masse eines Kohlenstoff-12 Atoms (ein Isotop von Kohlenstoff mit sechs Protonen und sechs Neutronen). Die meisten natürlichen Elemente kommen in einer Mischung verschiedener Isotopen mit etwas unterschiedlichen Atommassen vor: Das Atomgewicht ist der gewogene Durchschnitt der Atommassen der verschiedenen Isotope. So kommt Kohlenstoff meistens als Kohlenstoff-12 vor, aber ein kleiner Teil besteht aus Atomen von Kohlenstoff-13 und -14, mit einer Atommasse von 13 bzw. 14. Die durchschnittliche Atommasse von Kohlenstoff ist deshalb 12,011 und diese Zahl wird als Atomgewicht bezeichnet.

Chemical Philosophy, die Grundlage der atomistischen Chemie. Hierin argumentiert er, dass die Elemente sich durch das unterschiedliche Gewicht ihrer jeweiligen Atome unterscheiden. Dalton spekulierte nicht über weitere Eigenschaften von Atomen, aber dank genauer quantitativer Forschungen konnte er das relative Gewicht von Atomen in verschiedenen Elementen bestimmen.

Wasserstoff als leichtestes damals bekanntes Element bekam das Atomgewicht 1. Von hieraus berechnete er die Atomgewichte anderer Elemente. Aus der Analyse von Wasser hatte sich gezeigt, dass Wasser aus Sauerstoff und Wasserstoff in einem Gewichtsverhältnis von 8 : 1 besteht. Davon ausgehend, dass die Natur nur einfache Verhältnisse kennt, gab Danton Wasser eine einfache Formel: Für jedes Atom Wasserstoff steht ein Atom Sauerstoff, der also ein Atom- oder relatives Gewicht von 8 haben muss. Von da aus errechnete er weitere Atomgewichte. So wusste er, dass die Verbindung, die er Kohlensäure-Oxid (Kohlenmonoxid) nannte, aus Kohlenstoff und Sauerstoff in einem Gewichtsverhältnis von 3:4 besteht. Da Sauerstoff das Atomgewicht 8 hat, musste das Atomgewicht von Kohlenstoff 6 sein. Leider waren die Annahmen von Dalton oft fehlerhaft, was zu falschen Berechnungen von Atomgewichten führte. Trotzdem hat Dalton den Chemikern einen Weg zur Quantifizierung ihrer Wissenschaft aufgezeigt.

• Notation mit Ordnungszahl und Masse. Rechts die Blanco-Version für Element X, links sehen wir Helium, mit einer Massezahl (A) von 4 und einer Ordnungszahl (Z) von 2.

John Dalton

Dalton stammte aus einfachen Verhältnissen. Er hatte nur geringe Schulbildung und forschte weit entfernt von Universitäten und Wissenschaft in der Provinz. Trotzdem wurde er ein berühmter Wissenschaftler. Seine Entdeckungen trugen maßgeblich zur Entwicklung der Chemie bei, und seine Karriere markierte eine wichtige Phase in der Evolution der Wissenschaft.

Daltons Gesetz

John Dalton (1766-1844) wurde als Sohn frommer Quäker in Cumbria, einem ländlichen Gebiet in Nordengland, geboren. Er war ein Außenseiter in der etablierten Wissenschaft, denn er gehörte nicht zum Kreis wohlhabender, privilegierter Amateurwissenschaftler und damit nicht zum Establishment, dessen Sitz immer noch die Royal Society in London war.

Als Quäker wurde Dalton nicht zu den berühmten Universitäten zugelassen – selbst wenn er sie hätte bezahlen können. Seine Schulbildung beschränkte sich auf die Quäkerschule in seinem Dorf, die er bis zu seinem zwölften Lebensjahr besuchte und wo er anschließend Lehrer und sogar Direktor wurde. In Manchester, wo er später hinzog, wurden seine Forschungen von anderen Quäkern unterstützt.

Dalton war in erster Instanz an Meteorologie interessiert und machte täglich genaue Aufzeichnungen über das Wetter. Dabei interessierten ihn vor allem die verschiedenen Phasen des Wassers. Er stellte fest, dass sich die Dichte von Wasser temperaturbedingt ändert (Wasser hat seine höchste Dichte bei 4 °C). Daltons Forschungen über Wasserdampf erweiterten sich auf die pneumatische Chemie, wo er Boyles korpuskulare Gastheorie übernahm und zum überzeugten Atomisten wurde. Die etablierten Chemiker waren sich auch nach der offiziellen Anerkennung von Boyles Atomtheorie (s. S. 74-75), nicht einig, ob das Atom ein tatsächlich existierendes Objekt oder nur ein theoretisches Konstrukt sei. Dalton aber war überzeugt: „Jede Masse mit einem wahrnehmbaren Umfang, ob flüssig oder fest, besteht aus einer unendlichen Zahl kleiner Materieteilchen oder Atome, die von der Anziehungskraft zusammengehalten werden." Ebenso überzeugt war er vom Gesetz des Massenerhalts: „Die Chemie ist genau so wenig imstande, ein Wasserstoffteilchen zu schaffen oder

---

- **AUGE IN AUGE**

Dalton war fasziniert von seiner Farbenblindheit. Er hielt sogar Vorträge darüber und *verordnete, dass seine Augen nach seinem Tod konserviert und seziert werden sollten.* *Die Abweichung wurde in England zeitweilig sogar Daltonismus genannt.*

WISSENSCHAFT IN DER BRITISCHEN PROVINZ

Dalton gehörte zu einer neuen Generation von Wissenschaftlern, die auch ohne Status oder Familienreichtümer erfolgreich waren. Damals entstanden Spannungen zwischen den Wissenschaftlern in der Provinz und dem wissenschaftlichen Establishment von Gentleman-Amateuren in der Royal Society in London. Dalton war einer der Mitbegründer der British Association for the Advancement of Science (damals abgekürzt als BA), die sich als Alternative zur Royal Society verstand und damit zum Organ der zunehmenden Professionalisierung der Wissenschaft wurde. Die BA wurde 1831 von Wissenschaftlern wie dem schottischen Arzt (und Biografen Newtons) Sir David Brewster gegründet. Die erste Versammlung fand in York statt, danach trafen sich die Mitglieder jedes Jahr meist außerhalb von London, um wichtige Fortschritte in der britischen Wissenschaft bekannt zu geben und zu besprechen.

zu vernichten wie einen neuen Planeten in unserem Sonnensystem."

Von der atomistischen Gastheorie ausgehend, formulierte er 1801 das Gesetz der Partialdrücke („Daltons Gesetz"), das besagt, dass in einer Gasmischung alle Gase unabhängig voneinander Druck ausüben. Der Gesamtdruck ist also die Summe der Partialdrücke der einzelnen Gaskomponenten. Da dies aber nur für ideale Gase gelte, sei es eine logische Folge dieses Gesetzes – so Dalton – dass die Bestandteile von Gasmischungen wie der Atmosphäre chemisch nicht miteinander reagieren. Mit dieser Theorie erregte er Aufsehen, weil man bis dahin angenommen hatte, die Atmosphäre sei eine Verbindung verschiedener Gase.

Ein eigenartiger Mann

Seine Theorie der Atomgewichte brachte ihm zwar Ruhm, aber als Außenseiter aus der Provinz, der nie Mitglied der Royal Society wurde – in seinen Augen ein Amateurclub – war Dalton bei seinen Zeitgenossen nicht besonders beliebt. Humphry Davy (s. S. 142-143) beschrieb Dalton als „einen äußerst eigenartigen Mann [...] Er hat nicht die Manieren oder Gewohnheiten eines Mannes von Welt." Bruder John Davy war noch deutlicher: „Mr. Daltons Erscheinungsbild und sein Auftreten erregten Widerwillen. Er besaß keinen Funken Eleganz. Seine Stimme war laut, sein Gang steif und unbeholfen und sein Schreib- und Gesprächsstil trocken und fast unverständlich. Er war hochgewachsen, knochig und dünn." Zu Daltons Fähigkeiten als experimenteller Wissenschaftler bemerkte Humphry schalkhaft: „Er war ein grober Experimentator und fand immer die Ergebnisse, die er brauchte." Trotz alledem wurde Dalton international berühmt, zu seiner Beerdigung kamen 40.000 Menschen.

Übung 16 Bestimmung der Atomgewichte

DIE AUFGABE:

In seiner Atomtheorie der Materie definierte Dalton das
Atomgewicht von Wasserstoff als 1 und bestimmte von da aus
die Atomgewichte anderer Elemente. Wie wir bereits gesehen
haben, werden die Atomgewichte der Elemente heute anhand
der Masse des Isotops Kohlenstoff-12 (^{12}C) definiert. Um den
„Fußabdruck" eines Unternehmens in Kohlenstoff zu ermitteln, muss zunächst die korrekte Atommasse von Kohlenstoff
und Wasserstoff bestimmt werden. Wie geht man dabei vor?

DIE METHODE:

Laut offizieller Definition ist die relative
Atommasse eines Elementes das
Verhältnis der durchschnittlichen Masse
je Atom bezüglich 1/12 der Masse eines
Atoms ^{12}C. Zur Berechnung der
Atommasse von Kohlenstoff und
Wasserstoff müssen wir zunächst die
Masse der natürlichen Isotope von
Kohlenstoff und Wasserstoff sowie ihre
relative Häufigkeit wissen.

DIE LÖSUNG:

In den Tabellen des National Institute of
Science and Technology haben die zwei
natürlich vorkommenden Isotope von
Kohlenstoff, ^{12}C en ^{13}C, eine Masse von
12,000000 und 13,003355 mit einer
relativen Häufigkeit von 98,90% und
1,10%.

Die zwei natürlich vorkommenden
Isotope von Wasserstoff, ^{1}H en ^{2}H,
haben eine Masse von 1,007825 und
2,0140 mit einer relativen Häufigkeit
von 99,985% und 0,015%. Wie bereits
in Übung 7 angegeben (s. S. 62-63)
lautet die Formel für das Atomgewicht:

(Masse x Häufigkeit) + (Masse x Häufigkeit)

Jetzt geben wir die Werte für die zwei Isotopen von Kohlenstoff ein, die Berechnung lautet dann:

$$(12 \times 0{,}9890) + (13{,}003355 \times 0{,}011)$$

$$11{,}868 + 0{,}1430369$$

$$= 12{,}0110369$$

Für die Isotope des Wasserstoffs lautet die Berechnung:

$$(1{,}007825 \times 0{,}99985) + (2{,}0140 \times 0{,}00015)$$

$$1{,}0076738 + 0{,}0003021$$

$$= 1{,}0079759$$

Laut NIST-Tabellen beträgt das Atomgewicht von Kohlenstoff und Wasserstoff 12,01104 bzw. 1,00798. Die offiziellen IUPAC-Werte von 2007 lauten 12,0107(8) und 1,00794(7), wobei die Zahl zwischen Klammern die Unsicherheit in der letzten Stelle des Atomgewichts angibt. Bei derartig präzisen Messungen sind winzige Abweichungen unvermeidlich. In der Biochemie und Molekularbiologie wird für Molekülmasse oft der Begriff „Dalton" (Da) verwendet, wobei 1 Da für die Masse eines Wasserstoffatoms steht. Da Eiweiße aus großen Molekülen bestehen, wird ihre Masse meistens in Kilodalton (kDa) ausgedrückt. Die größten bekannten Eiweißmoleküle mit einer Molekülmasse von beinahe 3000 kDa sind die Titine, ein Bestandteil der Sarkomere in Muskelfasern.

• Darstellung der Kernstruktur zweier Isotope Kohlenstoff und zweier Isotope Wasserstoff. Die Neutronen sind weiß wiedergegeben, Protonen grün.

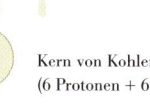

Wasserstoffkern
(ein Proton)

Kern von Kohlenstoff-13
(6 Protonen + 7 Neutronen)

Kern von Kohlenstoff-12
(6 Protonen + 6 Neutronen)

Deuteriumkern
(1 Proton + 1 Neutron)

MOL UND DIE AVOGADRO-ZAHL

Atome und Moleküle sind winzig klein und können nicht direkt gezählt und gewogen werden. Das Mol ermöglicht es den Chemikern, Atomgewichte mit tatsächlichen Gewichten und Größen in Beziehung zu setzen und so die Formeln von Verbindungen zu ermitteln. Das Mol bildet die Brücke zwischen der mikroskopischen und makroskopischen Welt.

Zählen durch Wiegen

Ein Mol ist eine Stoffmenge, die genauso viele Teilchen enthält wie die Zahl der Atome in 12 Gramm Kohlenstoff-12. Dabei kann es sich um alle möglichen Teilchen handeln – Atome, Moleküle, Ionen, Elektronen –, wenn sie nur genau spezifiziert sind. Die experimentell ermittelte Zahl der Atome in 12 g Kohlenstoff-12 ist als Avogadro-Zahl bekannt, nach dem italienischen Wissenschaftler Amedeo Avogadro aus dem Anfang des 19. Jahrhunderts. Sie beträgt $6{,}0221367 \times 10^{23}$, bzw. 602 Trilliarden (eine 602 mit 21 Nullen). Das Atomgewicht eines Elementes wird in Mol pro Gramm ausgedrückt bzw. in Quantitäten, die für Chemiker in der realen Welt praktikabel sind. Mit dem Mol können wir zählen, indem wir wiegen!

Das Mol ist nicht nur einfach das Atomgewicht in Gramm, sondern drückt auch das Molekulargewicht oder die molare Masse in Gramm aus. Die molare Masse ist die Summe der Atomgewichte der Atome einer Verbindung (das Molekulargewicht ist dasselbe, jedoch nur für kovalent gebundene Moleküle; die molare Masse ist ein allgemeinerer Begriff, unter den auch Ionenbindungen fallen). Die Atommassen der Atome, aus denen das Wassermolekül besteht, betragen $1\ u$ für jedes der zwei Wasserstoffatome und $16\ u$ für Sauerstoff – insgesamt also $18\ u$. Damit beträgt die molare Masse von Wasser $18\ u$. Ein Mol Wasser wiegt also 18 g. Die Atomgewichte dieser Elemente sind aufgrund der Isotopen eigentlich keine ganzen Zahlen, also beträgt das Molekulargewicht von Wasser genau:

$$(2 \times 1{,}0079) + 15{,}999 = 18{,}015\ u)$$

Das Mol in Aktion

Das Mol ist ein wirkungsvolles Hilfsmittel für Chemiker. Nehmen wir an, Sie wollen 22,99 g Natrium in Tafelsalz umwandeln, indem Sie es mit Chlorgas (Cl) reagieren

---

• **DIE UNBEKANNTE ZAHL**

Avogadro selbst konnte die Zahl, die jetzt seinen Namen trägt, nicht berechnen. Seit *1870 versuchte man ihren Wert zu schätzen, aber erst 1908 benannte der französi-* *sche Physiker Jean Perrin (1870-1942) diese Quantität nach Avogadro.*

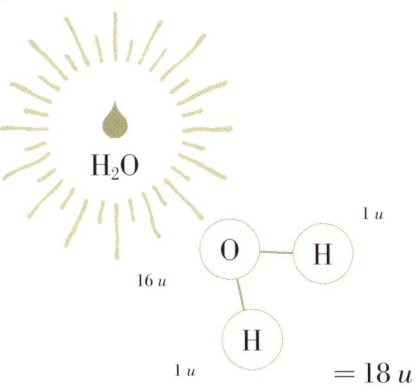

H_2O

$= 18\,u$

lassen. Dabei wollen Sie keine Reaktanten verschwenden, weil Sie zu viel Stoffe verbrauchen. Wie ermitteln Sie dann, wie viel Chlorgas Sie brauchen? Wichtig zu wissen ist, dass das Atomgewicht von Natrium $22,99\,u$ beträgt und dass Sie also 1 Mol Natrium haben. Die Formel für Tafelsalz lautet NaCl. Sie wissen also auch, dass für jedes Atom Natrium 1 Atom Chlor erforderlich ist, bzw. 1 Mol Chlorgas für jedes Mol Natrium. Das Atomgewicht von Chlor beträgt $35,453$, also brauchen Sie $35,453$ g Chlor. In der Praxis ist keine Reaktion zu 100% effizient, weil nicht jedes einzelne Teilchen des Reaktanten reagiert, aber das Prinzip ist deutlich (außerdem ist Chlorgas 2-atomig). Da das Wiegen von Gasen sehr umständlich ist, kann man das Mol auch in Maßeinheiten für flüssige oder Gasvolumina umrechnen (s. Rahmen).

Die Berechnungen funktionieren auch andersherum: Nehmen wir an, ein Chemiker weiß, dass er 400 g der Verbindung Z aus 300 g Reaktant X und 100 g Reaktant Y hergestellt hat. Nach Gewicht ist Z im Verhältnis 75X:25Y

Weitere mit dem Mol verbundene Begriffe sind molare Masse und molares Volumen. Die molare Masse eines Stoffes ist die Masse von 1 Mol dieses Stoffes, ausgedrückt in Gramm g/Mol^{-1}. Das molare Volumen (V_m) gibt an, welches Volumen 1 Mol eines Stoffes einnimmt und ist von der Dichte des jeweiligen Stoffes abhängig, die wiederum mit Temperatur und Druck zusammenhängt. Die Dichte von Flüssigkeiten variiert aber kaum und zeigt bei Zimmertemperatur und auf Meereshöhe allgemein brauchbare Werte. Bei Gasen hängt V_m unmittelbar von Druck und Temperatur ab: Bei Standardtemperatur und -Druck hat jedes Gas ein V_m von 22,415 dm3.

zusammengesetzt, was der Formel X_3Y entspricht. Der Chemiker weiß aber auch, dass das Atomgewicht von X und Y jeweils 50 und $25\,u$ beträgt und kann deshalb ausrechnen, dass er 6 Mol X mit 4 Mol Y kombiniert hat. Dies entspricht einer empirischen Formel (das minimale Verhältnis der Elemente einer Verbindung auf der Grundlage der prozentualen Zusammensetzung) von X_3Y_2. Die molare Masse der Verbindung Z beträgt dann $200\,u$, also kann der Chemiker daraus ableiten, dass er 2 Mol Z hergestellt hat. Sollte sich aus anderen Untersuchungen für Z eine tatsächliche molare Masse von 400 ergeben, ändert sich die Molekül-formel in X_6Y_4.

Avogadro: das verkannte Genie

Er fand ein geniales Konzept für die Verbindung zwischen Mikro- und Makrokosmos, wurde aber zu Lebzeiten negiert: Amedeo Avogadro (1776–1856), ein bescheidener Jurist aus dem niederen Adel in Norditalien. Bis 1800 war er als Rechtsanwalt tätig, bildete sich aber weiter in Physik, Mathematik und Chemie und begann eine wissenschaftliche Karriere. Als mathematischer Physiker gab es für ihn keine Grenzen zwischen den Wissenschaften – dies im Gegensatz zu den Chemikern, bei denen seine Ideen wenig Zustimmung fanden. Ihr facheigener Snobismus führte dazu, dass Beiträge eines Mathematikers zur chemischen Theorie prinzipiell nicht ernstgenommen wurden.

Das Warten auf den Erlöser

Daltons Theorie über Atomgewichte hatte ein fast unlösbares Problem mit sich gebracht: Zwar konnten die Chemiker jetzt das relative Verhältnis der Elemente in einer Verbindung bestimmen, sie waren aber außerstande, dies in einer Formel auszudrücken. So hatte Dalton einfachheitshalber angenommen, dass Wasser eine 1:1 Verbindung von Wasserstoff und Sauerstoff ist. Diese Voraussetzung war aber falsch und führte zu einer fehlerhaften Berechnung des Atomgewichts von Sauerstoff. Dieser Fehler nagte an Daltons System. Amedeo

Avogadros Moltheorie zeigte den Ausweg, indem sie eine korrekte Ermittlung der Atomgewichte und damit empirische Formeln für Verbindungen ermöglichte (s. S. 136–137).

Die Avogadro-Konstante

Avogadros bahnbrechende Ideen fußten auf zwei Entdeckungen des französischen Chemikers Joseph Gay-Lussac (1778–1850): dem Gesetz, der gleichmäßigen Wärmeausdehnung von Gasen und dem Gesetz der multiplen Volumina. Laut diesem Gesetz verhalten sich die Volumina von Gasen die untereinander reagieren oder bei chemischen Reaktionen entstehen in Verhältnissen kleiner ganzer Zahlen zueinander (wie 2 Volumen Wasserstoff + 1 Volumen Sauerstoff = 2 Volumen Dampf; 1 Volumen Wasserstoff + 1 Volumen Chlor = 2 Volumen Wasserstoffchlorid). Auch wenn Dalton die Bedeutung dieses Gesetzes noch entging, bildet das Gesetz von Gay-Lussac die unmittelbare Ergänzung zu Prousts Gesetz zur Massenerhaltung und eine Bestätigung dessen Atomtheorie. Avogadro jedoch entdeckte diesen Zusammenhang wohl und stellte eine gewagte These auf: Gay-Lussacs erste Entdeckung bedeute, dass „das gleiche Volumen aller Gase bei gleicher Temperatur und Druck die gleiche Anzahl der kleinsten Teile enthält": die berühmte Avogadro-Konstante (man beachte dabei Avogadros Wortwahl: er benutzt nicht den Begriff Atome, sondern „kleinste Teilchen"). Avogadro

• Ein wenig schmeichelhaftes zeitgenössisches Porträt von Lorenzo Romano Amedeo Carlo Bernadette Avogadro di Quaregna e Cerreto aus seinem Todesjahr.

EIN RUFER IN DER WÜSTE

Warum blieb Avogadro so lange unbeachtet? Die Antwort liegt vermutlich in der geographischen und intellektuellen Isolation, dem Snobismus der Wissenschaftler sowie den damals gängigen Theorien in der Chemie. Avogadro galt als Provinzler und war in Turin weit vom Zentrum der Wissenschaft entfernt, durch die politischen Unruhen zu Zeiten Napoleons verlor er außerdem einige Jahre seine Stellung als Professor. Dabei galt er als schlechter Experimentator, wodurch ihn viele Chemiker nicht ernst nahmen. Avogadro unterbaute seine Hypothesen nicht ausreichend mit harten Tatsachen, vor allem als er seine Theorie 2-atomiger Elemente auch auf feste Stoffe ausdehnen wollte. Avogadros Behauptung, Sauerstoff und Wasserstoff hätten zwei Atome, widersprach schließlich dem damals vorherrschenden elektrochemischen Dualismus von Jöns Berzelius (s. S. 134-135), nach dem sich zwei Atome des gleichen Elementes abstoßen, genauso wie Ionen mit derselben Ladung.

verwendete auch als erster den Begriff „Molekül" und seine „Molekülhypothese" besagt, dass Gase wie Sauerstoff und Wasserstoff 2-atomige Moleküle sein können. Mit diesem Gesetz und dem Gesetz der multiplen Volumina konnte nachgewiesen werden, dass Wasser entsteht, wenn Wasserstoff- und Sauerstoffatome sich im Verhältnis 2:1 verbinden. Also musste die Formel von Wasser H_2O lauten und damit konnte man über das prozentuale Gewicht der Bestandteile das Atomgewicht der Elemente berechnen. Avogadro gelang es also, die Entdeckungen von Gay-Lussac und Dalton zu kombinieren und er schuf hiermit die Voraussetzungen für ein korrektes quantitatives Verfahren in der Chemie.

Es bleibt ein Rätsel, warum seine brillanten Theorien damals nicht anerkannt wurden. Erst vier Jahre nach seinem Tod, auf dem Karlsruher Kongress im Jahre 1860, demonstrierte sein Landsmann Stanislao Cannizzaro (1826-1910) Avogadros brillante Hypothese und seine Leistungen wurden endlich gewürdigt Bis dahin hatten sich die Chemiker immer noch über Atomgewichte und Formeln für Sauerstoff, Wasserstoff, Wasser und andere Stoffe gestritten.

• Avogadro-Konstante: Masse und Molekülformel eines Gases können variieren, aber ein Mol hat bei Standarddruck und -temperatur ein konstantes Volumen von 22,4 l/Mol.

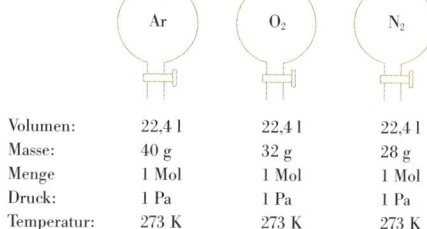

	Ar	O_2	N_2
Volumen:	22,4 l	22,4 l	22,4 l
Masse:	40 g	32 g	28 g
Menge	1 Mol	1 Mol	1 Mol
Druck:	1 Pa	1 Pa	1 Pa
Temperatur:	273 K	273 K	273 K

Mol und die Avogadro-Zahl

DIE AUFGABE:

Avogrados Gesetz besagt, dass das Volumen eines idealen Gases proportional ist zur Zahl der Mol (oder Moleküle), die das Gas enthält. Dieses Gesetz kann sogar auf Wasserdampf angewendet werden. Wenn wir Schneeflocken unter dem Mikroskop betrachten, sehen wir die bekannte Kristallstruktur. Wie viele Wassermoleküle befinden sich in einer durchschnittlichen Schneeflocke?

DIE METHODE:

Ein Mol ist eine Stoffmenge, die genauso viele Teilchen (Atome, Moleküle, Ionen oder Elektronen) enthält wie Atome in 12 g des Isotops Kohlenstoff-12 (^{12}C). Folglich hat ein Mol reiner 12C-Atome eine Masse von genau 12 g. Die Zahl der Atome oder Moleküle in 1 Mol reinen Stoffes wird Avogadro-Konstante genannt und nach folgender Formel berechnet: $6{,}022142 \times 10^{23}$ mol^{-1}. Die Masse von 1 Mol eines jeden reinen Stoffes in Gramm entspricht seiner atomaren oder molekularen Masse (wenn es sich um eine Verbindung handelt). Zur Berechnung brauchen wir die Zahl der Moleküle in 1 Mol Wasser sowie das Atomgewicht von Wasserstoff (H = 1,01) und Sauerstoff (O = 16).

DIE LÖSUNG:

Eine Schneeflocke besteht aus Wasser (H_2O) und wiegt 1 mg. Um zu berechnen, wie viel Mol ein Schneeflocken enthält, muss die molekulare Masse von H_2O berechnet werden, aus der dann die Masse von 1 Mol Wasser abgeleitet wird:

$$(2 \times 1{,}01) + 16{,}00 = 18{,}02$$

Ein Mol H_2O wiegt also 18,02 g.

Der folgende Schritt besteht in der Berechnung der Anzahl $H_2=$ Moleküle in 1 g Wasser. Von der Avogadro-Konstante ausgehend wissen wir, dass 1 Mol H_2O $6{,}022 \times 10^{23}$ Moleküle enthält. Die Anzahl der Moleküle ist in 1 g H_2O also

$$(6.022 \times 10^{23}) / 18{,}02 = 3{,}34 \times 10^{22}$$

Eine Schneeflocke wiegt nur 1 mg (1/1000 g) und enthält deshalb $3{,}34 \times 10^{19}$ Moleküle H_2O.

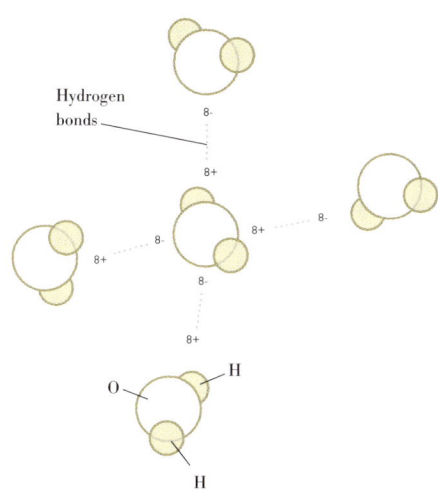

• Ein Modell der Wasserstoffbrücken (H-Brücken) zwischen Wassermolekülen (H_2O). Wie das Diagramm zeigt, kann sich ein Molekül H_2O mit maximal vier anderen Wassermolekülen binden. H-Brücken beeinflussen die Eigenschaften von Wasser durch ihre relative Stärke. Wasserstoffbrückenbindungen führen zu einem – im Verhältnis zur Molmasse – hohen Kochpunkt. Sie bilden auch die hexagonalen Gitter, die die typischen Kristallstrukturen von Schneeflocken ausmachen.

IONEN UND LADUNGEN

Die Elektrochemie erwies sich bald als ein neues und spannendes Forschungsgebiet der Chemie. Zum Verständnis dieser schönen neuen Welt bedarf es einer kurzen Erläuterung über Ionen und Ladungen sowie über das scheinbar komplexe, aber trotzdem logische Namenssystem für Ionen in verschiedenen Oxidationszuständen.

Ionen für Anfänger

Wie in Kapitel 2 bereits erwähnt (s. S. 78-79) versuchen Atome mittels einer stabilen Elektronenkonfiguration einen stabilen Zustand zu erreichen. Dazu werden Elektronen aus ihrer äußersten Valenzschale abgegeben oder in sie aufgenommen. Wenn ein Atom eines oder mehrere Elektronen vollständig abgibt oder erhält, entsteht ein ungleiches Verhältnis zwischen der Anzahl Protonen und Elektronen. Das Atom bekommt hierdurch eine positive oder negative Ladung und wird damit zu einem Ion. Atome die Ionen bilden, verlieren oder erhalten Elektronen nach der Oktettregel. Diese Regel besagt, dass Ionen danach streben isoelektrisch zu werden, indem sie die Konfiguration des am nächsten liegenden Edelgases im Periodensystem der Elemente annehmen. So gibt Natrium bei der Bildung von Tafelsalz (NaCl) Chlor ein Elektron ab, so dass das Natriumatom zum Kation wird und eine Ladung von +1 erhält (isoelektrisch mit Neon), während das Chloratom zum Anion wird und eine Ladung von -1 annimmt (isoelektrisch mit Argon). Hinter dem Symbol für das Element wird die Ladung als Index angegeben. Die Atomzahl in einem Molekül wird ebenfalls mittels eines Index angegeben, wie etwa beim zweiatomigen Quecksilberion Hg_2^{2+}.

Ionenbindungen entstehen also durch die elektrostatische Anziehungskraft zwischen positiv und negativ geladenen Ionen. Eine typische Ionenbindung ist Salz, das bei der Reaktion einer Säure mit einem basischen Stoff – meistens einem Metall – entsteht.

Ionische Spezies

„Spezies" ist ein allgemeiner Begriff für Ionentypen in verschiedenen Kategorien, worunter einatomige und mehratomige Ionen sind. Jede ionische Spezies, die ein Element oder eine Verbindung hervorbringen kann, unterliegt dem Gesetz des Periodensystems (s. S. 154-155). So bilden die einatomigen Ionen Alkalimetall-Katonen mit einer Ladung von +1, alkalische Erdmetalle mit +2, halogene Anionen mit -1, Sauerstoff und Schwefel -2, sowie Stickstoff und Phosphor -3. Anionen haben „-id" hinter dem Namen. Die Anionen von Chlor, Fluor, Schwefel, Sauerstoff (Oxygen), Stickstoff (Nitrogen) und

DIE KREUZREGEL

Die Summe der Ladungen in einer Ionenverbindung muss 0 sein. Aus der chemischen Formel kann man die Ladungen der darin enthaltenen Ionenspezies mit der Kreuzregel ausrechnen, denn der Index jedes Ions ergibt den Index des anderen. So hat Aluminiumoxid die Formel Al_2O_3, weil die Ladungen der zwei Ionenspezies Al^{3+} und O^{2-} sind. Dabei sollte man sich merken, dass ein Index von 1 nie angegeben wird, weil er als selbstverständlich gilt und dass Indexe vom kleinsten gemeinsamen Teiler abgeleitet werden.

Phosphor heißen also Chlorid, Fluorid, Sulfid, Oxid, Nitrid, Phosphid usw.

Bei den Übergangsmetallen gibt es verschiedene Oxidationszustände, sodass sie Ionen mit unterschiedlichen positiven Ladungen bilden können, die ihrem jeweiligen Oxidationszustand entsprechen. In der Regel wird der Oxidationszustand, und damit die Ladung, mit römischen Ziffern in Klammern angegeben. Er kann aber auch im Namen angegeben werden, etwa mittels der Vorsilbe „ferro", was auf das Ion mit dem niedrigeren Oxidationszustand verweist, Eisen (II) bzw Fe^{2+}, „Ferri" ist Eisen (III), Fe^{3+}. Ebenso ist Kupfer (I), Cu^+, „cupro" Kupfer (II), Cu^{2+} und „cupri". Quecksilber verhält sich ungewöhnlich, denn es bildet in einem seiner Oxidationszustände zweiatomige Kationen: Quecksilber (I) oder „Mercuro", Hg_2^{2+}. Jedes Kation hat eine +-Ladung, was dem zweiatomigen Ion eine Gesamtladung von +2 gibt.

Außer Quecksilber gibt es viele andere mehratomige Spezies: meistens Sauerstoffanionen, die den Zusatz „-at" erhalten. Varianten mit weniger Sauerstoffatomen enden auf „-it". SO_4^{2-} ist Sulfat, aber SO_3^{2-} ist Sulfit. Andere wichtige mehratomige Anionen sind unter anderem Wasserstoffcarbonat oder Bicarbonat (HCO_3^-), Nitrat (NO_3^-) und Nitrit (NO_2^-), Hydroxid (OH^-), Cyanid (CN^-) und Peroxid (O_2^-).

• Schematische Darstellung von Tafelsalz (links), das sich in Wasser auflöst. Jedes Na^+- und Cl^--Ion zieht Wassermoleküle an und bildet eine Hydrationsschale

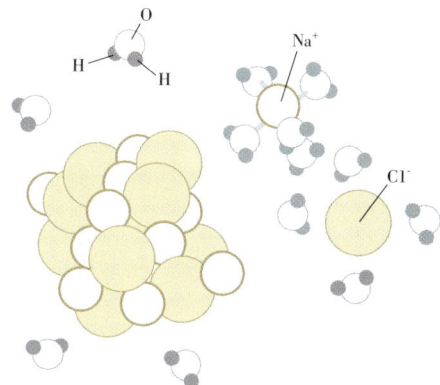

Jöns Jacob Berzelius

Der erste große Chemiker nach Lavoisier war der Schwede Jöns Jacob Berzelius. Berzelius war ein Pionier der Elektrolyse, verbesserte die Verfahren der quantitativen Chemie, entdeckte neue Elemente und Verbindungen, entwickelte ein Notationssystem und war damit tonangebend für die weitere Entwicklung der Chemie in Europa.

Begeistert von der Voltasäule

Der im schwedischen Väversunda geborene Jöns Jacob Berzelius (1779-1848) las schon früh alles über Chemie, was er auftreiben konnte. Er wurde Arzt, um seinen Lebensunterhalt verdienen zu können, aber die Chemie war seine wahre Leidenschaft. Besonders faszinierte ihn die Elektrochemie, die durch Voltas Erfindung möglich geworden war (s. Rahmentext). Berzelius war nur einer der vielen europäischen Wissenschaftler, die zu Anfang des 19. Jahrhunderts von der Voltasäule begeistert waren, betont der Wissenschaftshistoriker William Burns.

1803 steckte Berzelius Elektroden in eine neutrale Salzlösung. Dabei beobachtete er, dass der „saure" Bestandteil sich am positiven Pol, der basische Bestandteil sich am negativen Pol sammelte. Als es Humphry gelang, mittels Elektrolyse alkalische Erden zu isolieren (s. S. 142), war dies für Berzelius die Bestätigung, dass die Voltasäule das

fundamentale Prinzip der Chemie enthüllt hatte. Daraufhin formulierte er seine „dualistische Theorie": „Wenn man Substanzen in der Reihenfolge ihrer elektrischen Eigenschaften ordnet, entsteht ein elektrochemisches System, das meiner Meinung nach besser geeignet ist, um Ordnung in der Chemie zu schaffen als alle anderen." Berzelius ordnete alle Stoffe nach ihren elektropositiven oder elektronegativen Eigenschaften. Salze, so Berzelius, bilden sich, wenn elektronegative Stoffe sich wie Säuren und elektropositive Stoffe sich wie Basen verhalten. Berzelius war mit Lavoisier der Meinung, dass Sauerstoff das Säureelement ist. Außerdem behauptete er, dass die Säuren und Basen aus denen Salze bestehen Oxide seien. Erst ca. 1820 erkannte er Chlor und Jod als neue Elemente an.

Mit größter Präzision

Berzelius übernahm Daltons Theorie der einfachen Zahlenverhältnisse in Verbindungen. Er hielt dies für „einen der größten Schritte, die die Chemie in ihrer Vervollkommnung als Wissenschaft jemals gemacht hat." Berzelius verbesserte die Bestimmung von Atomgewichten und Molekülformeln durch neue äußerst präzise Messverfahren. Außerdem präparierte, destillierte und analysierte er mehr als 200 Stoffe, unter denen sich viele neue Elemente befanden. So entdeckte er Selen (1817), Thorium (1828) und Silizium (1824), seine Mitarbeiter entdeckten Lithium (1818)

DIE VOLTASÄULE

Das Experiment, das nicht nur die Chemie, sondern auch viele andere Wissenschaften radikal veränderte, war ganz einfach: Zink- und Kupferplättchen abwechselnd aufeinandergestapelt, dazwischen in Salzlauge getränkte Pappscheiben. Diese primitive Batterie – die nach ihrem Erfinder Alessandro Volta (1745-1827) Voltasäule genannt wird – konnte genügend Spannung für Elektrolyseprozesse erzeugen. William Nicholson und Anthony Carlisle bauten nach Voltas Beispiel eigene Säulen, mit denen sie Wasser zerlegten. Ihre Ergebnisse erschienen in Nicholsons Zeitschrift, noch bevor Volta 1800 seinen eigenen Artikel über seine Erfindung veröffentlicht hatte.

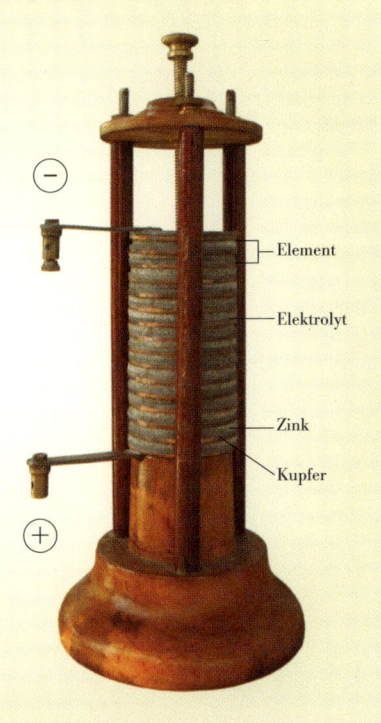

— Element

Elektrolyt

Zink

Kupfer

• Modell einer frühen Voltasäule mit Kupfer- und Zinkplättchen und in Salzlauge getränkten Pappscheiben. Jede dreiteilige Schicht ist ein „Element". Die Salzlauge diente als Elektrolyt..

und Vanadium (1830). Von seiner dualistischen Theorie ausgehend verwarf Berzelius jedoch Avogadros Modell der zweiatomigen Moleküle, was zu viel Verwirrung über das Atomgewicht und die chemischen Formeln einiger wichtiger Elemente führte. Berzelius entdeckte, dass organische Verbindungen denselben Regeln der proportionalen Zusammensetzung unterliegen wie anorganische Verbindungen. Er beschrieb wichtige Erscheinungen in der organischen Chemie, wobei er die Begriffe „Katalysator", „Protein" und „Isometrie" einführte. Seine auffälligste Leistung aber war, dass er zur

Autorität für Chemiker in ganz Europa wurde. „Berzelius' Herrschaft über die Chemie in Europa seit ca. 1820 ist ein erstaunliches Phänomen", bemerkt Burns, „weil er an seinem Standort Stockholm weit entfernt von den Zentren der europäischen Wissenschaft war." Als Verfasser eines Standardwerks und Redakteur eines Jahrbuchs, das zur Pflichtlektüre wurde, wurde Berzelius zum Wächter und Hüter der Chemie. Dies sollte später, als er diese Rolle verlor und immer uneinsichtiger, obstruktiver und verbitterter wurde, problematische Folgen haben.

CHEMISCHE FORMELN

Die Chemiker im 19. Jahrhundert träumten davon, ihrer Wissenschaft die gleiche mathematische Logik und Präzision zu geben, wie Newton dies für die Physik geleistet hatte. Heute kann sich jeder Chemiestudent davon überzeugen, dass ihnen dies gelungen ist: Die chemische Formel ist der beeindruckendste Beweis dafür. Die Überbrückung der Kluft zwischen den exakten Wissenschaften und der Chemie ist einer der bleibenden Verdienste von Jöns Berzelius.

Die Notwendigkeit von Zeichen

„Wenn wir chemische Verbindungen wiedergeben wollen", so schrieb Berzelius 1814, „stoßen wir auf die Notwendigkeit chemischer Zeichen". Ein Jahr vorher hatte er bereits damit begonnen, ein neues Zeichensystem zu entwickeln, das den modernen Ansprüchen gerecht werden sollte. Wie bei der Nomenklatur (s. S. 114-115) waren frühere Notationsmethoden willkürlich und inkonsequent, bedingt durch die ungleichgewichtige Entwicklung der Chemie im Lauf der Jahrhunderte. Die Alchemisten verwendeten obskure Symbole, die oft aus den okkulten oder esoterischen Quellen der Astrologie stammten. Das neue Wissen über Elemente – die Lavoisier in seinem System schon bezeichnet hatte – verlangte dagegen ein neues System.

John Dalton entwickelte ein eigenes, recht kompliziertes System, das aus einer Reihe einfach aussehender Diagramme bestand. Auch wenn einige seiner Symbole noch heute verwendet werden (sein Symbol für Wasserstoff zeigt einen vorausschauenden Blick), so wies sein System doch erhebliche Mängel auf. Berzelius erklärte in seiner „Darstellung über die Ursache chemischer Verhältnisse und ihrer entsprechenden Umstände: mit einer kurzen und einfachen Methode um sie darzustellen" aus 1814 sein System folgendermaßen: „Im Interesse einer einfachen Schreibweise sollten chemische Zeichen aus Buchstaben bestehen und kein Buch verunzieren [...], deshalb bezeichne ich chemische Zeichen mit den Anfangsbuchstaben des lateinischen Namens jedes Elements. Da jedoch einige Elemente mit denselben Buchstaben beginnen, unterscheide ich sie auf folgende Weise..." Anschließend erläuterte er, dass er in diesem Fall die ersten zwei Buchstaben, und, wenn auch die gleich sind, den Anfangsbuchstaben und den „ersten nicht gemeinsamen Konsonanten" verwendet. Also heißt Schwefel = S; Silicium = Si; Stibium (lateinischer Name für Antimon) = St; und Stannum (Zinn) = Sn. Das Periodensystem auf S. 149 zeigt die Buchstabenkombinationen aller Elemente. Dieses System kam den Buchdruckern entgegen, weil sie bereits bestehende Buchstaben verwenden konnten, und setzte sich rasch als allgemeiner Standard durch. In der heutigen chemischen Notation verweisen Indexe hinter den Elementsymbolen auf die Atomzahl dieses Elements im Molekül, während bei Ionen Indexzahlen eine positive oder negative Ladung anzeigen. Indexzahlen und Superskriptionen vor dem Elementsymbol bezeichnen jeweils die Ordnungszahl und die Atommasse. Das Superskript vor der Atommasse verweist also auf das Isotop des betreffenden Elements: 12C bedeutet Kohlenstoff-12.

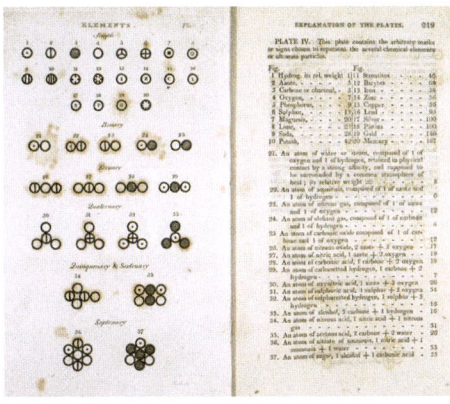

· Dalton entwickelte ein neues Notationssystem für die Elemente, das sich jedoch als unpraktisch erwies. Die Buchdrucker hätten für die Symbole völlig neue Buchstaben entwickeln müssen.

Das Erfolgsrezept

Ab jetzt konnte man Verbindungen ganz einfach darstellen, indem man Symbole zusammenfügte. Berzelius führte die Regel ein, dass jedes Zeichen für 1 Volumen oder 1 Masse eines Stoffes steht und das Vielfache dieser Menge mittels Koeffizienten angegeben wird (die Zahlen vor den Symbolen). Auf diese Weise konnten chemische Reaktionen auf mathematische Weise notiert werden. In einer Gleichung werden die zwei Seiten durch einen Pfeil getrennt (in der Richtung Reaktant - Produkt). Viele chemische Reaktionen sind jedoch umkehrbar und können in beide Richtungen stattfinden: In dem Fall wird, auch wenn die Reaktion in einer Richtung schneller verläuft als in der anderen, ein doppelter Pfeil verwendet, denn beide erreichen schließlich doch einen Gleichgewichtszustand.

Das Gesetz des Massenerhalts ist für chemische Formeln von großer Bedeutung. Da Atome weder geschaffen noch vernichtet werden können, muss an beiden Seiten der Gleichung die gleiche Zahl von Atomen stehen: Chemische Formeln müssen ausgeglichen sein. Ist dies nicht der Fall ist, ist die Gleichung falsch. Bei der Gleichung Wasserstoff + Sauerstoff = Wasser sind sowohl Wasserstoff als auch Sauerstoff zweiatomig. Man könnte deshalb schreiben:

$$H_2 + O_2 = H_2O$$

Diese Gleichung stimmt jedoch nicht, denn links stehen 2 Sauerstoffatome und rechts nur eines. Wie in der Algebra müssen wir die richtigen Koeffizienten mit dem niedrigsten gemeinsamen Vielfachen multiplizieren, um die Gleichung in Gleichgewicht zu bringen:

$$2H_2 + O_2 = 2H_2O$$

Dies wird als „ausbalancieren" einer Gleichung bezeichnet.

ELEKTROLYSE

Elektrolyse bedeutet „Zerlegen mittels Elektrizität". Die Voltasäule war für die Analysten ein neues, kraftvolles Hilfsmittel bei ihrer Arbeit. Eine Elektrolyt- oder elektrochemische Zelle kann zur Trennung von Ionen, zur Anregung von Redox- oder Verdrängungsreaktionen, zur Zerlegung von Verbindungen und zur Isolierung reiner Elemente verwendet werden.

Die elektrolytische Zelle

Bei der Elektrolyse lassen sich chemische Veränderungen durch elektrischen Strom erzeugen. Sie entstehen bei Elektroden, die in einem Elektrolyt untergetaucht sind. Elektroden sind feste Stoffe, oft Metallstreifen, die mit einer Stromquelle, wie einer Batterie oder elektrischen Zelle, verbunden sind. Wie eine Batterie mit positivem und negativem Pol, sind auch Elektroden positiv oder negativ. Die positive Elektrode heißt die Anode, die negative die Kathode. Ein Elektrolyt ist eine leitende Lösung oder Flüssigkeit mit Ionen, die sich frei bewegen können und eine Ladung tragen. Ein typischer Elektrolyt ist Sole (Salzlösung). Hierin zerlegt sich Natriumchlorid in Natrium-Kationen und Chlor-Anionen, die durch die Lösung wandern, wenn sie von Elektroden angezogen werden. Auch geschmolzenes Salz ist ein Elektrolyt, hat jedoch einen sehr hohen Schmelzpunkt.

Steht der Elektrolyt unter Strom, so bewegen sich die Elektronen zum negativ geladenen Reduktor, der Kationen anzieht. Der Oxidator wird elektropositiv und zieht Anionen an. Auf der Berührungsfläche zwischen Elektrolyt und Elektrode finden als Folge der Elektronenströme chemische Reaktionen statt. Der Reduktor gibt Elektronen ab und verursacht damit Reduktionsreaktionen, der Oxidator nimmt Elektronen auf und verursacht damit Oxidationsreaktionen. Die Elektrolytzelle ist also ein Mittel zur Erzeugung von Redoxreaktion.

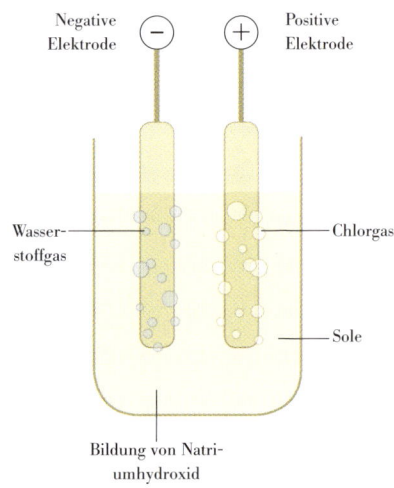

Negative Elektrode — (−) (+) — Positive Elektrode

Wasserstoffgas — Chlorgas

Sole

Bildung von Natriumhydroxid

• Elektrolyse der Salzlösung (Natriumchlorid in Wasser). Reduktion und Oxidation finden an der Berührungsstelle zwischen den Elektroden und dem Elektrolyten statt, wobei das freikommende Gas aus der Lösung perlt.

Elektrolyse in Aktion

Nicholson und Carlisle verwendeten als erste eine Volta'sche Säule (s. S. 135) und steckten Elektroden aus Platindraht in eine Wasserschüssel, um Wasser zu zerlegen. Sogar in reinem Wasser zerlegen sich manche H_2O-Moleküle spontan und bilden H^+-und OH^--Ionen (s. S. 97), so dass das Wasser schwach leitend wird. Die Leitung ist jedoch so schwach, dass ein starker Elektrokatalysator wie Platin erforderlich ist und manchmal auch ein Elektrolyt – etwa eine Säure – im Wasser aufgelöst werden muss, um die Leitfähigkeit zu erhöhen. Beim Zerlegen von Wasser werden die Wasserstoffkationen vom Reduktor angezogen, wo sie Elektronen aufnehmen und zu Wasserstoffgas reduziert werden, das dann aus der Lösung perlt. Beim Oxidator werden die Hydroxidionen oxidiert, um Wasser und Sauerstoff zu bilden:

$$4OH^-(aq) \longrightarrow O_2(g) + 2H_2O(l) + 4e^-$$

Berzelius verwendete eine elektrolytische Zelle zur Trennung von Salzionen (s. S. 134-135), wie bei der Elektrolyse einer Salzlösung. Der Oxidator zieht Chloranionen an, die anschließend zu Chlorgas oxidiert werden:

$$2Cl^-(aq) \longrightarrow Cl_2(g) + 2e^-$$

Die Na^+-Kationen wandern zum Reduktor. Weil zur Reduktion eines Natriumions mehr Energie als bei einem Wasserstoffion erforderlich ist, entsteht Wasserstoffgas, während das Natrium zu Natriumhydroxid wird:

$$2Na^+(aq) + 2H_2O(l) \longrightarrow H2(g) + 2NaOH(aq)$$

Galvanotechnik

Auch die Elektrode selbst kann bei elektrolytischen Reaktionen beteiligt sein. Wenn Kupferelektroden in eine Lösung von Kupfersulfat getaucht und Strom hindurch geleitet wird, werden beim Oxidator Kupferatome zu Kupferkationen oxidiert, während beim Reduktor die Kupferkationen wieder zu Kupferatomen reduziert werden und sich auf der Oberfläche der Elektrode ablagern. Dabei wird der Oxidator aufgelöst. Mit diesem Verfahren kann man den Reduktor galvanisieren: Ersetzt man ihn durch einen Metallgegenstand, wird dieser mit einer dünnen Kupferschicht bedeckt. Auf diese Weise kann man Objekte auch vergolden oder versilbern, oder Metalle aus Erzen gewinnen. Flüssiges Aluminium entsteht zum Beispiel, wenn das geschmolzene Aluminiumoxid zwischen einer Kathode und einer Anode in einem Tank aus Kohlenstoff reduziert wird, der als Reduktor dient.

• **ELEKTROLYSE IN AKTION**

Eine Batterie oder Voltasäule ist eine Elektrolysezelle, die umgekehrt funktioniert und deshalb keine Elektrizität verbraucht, sondern produziert.

Die Batterie in einer Armbanduhr ist ein Beispiel für eine Trockenzellenbatterie: Das Zinkgehäuse ist die Anode und im Kern befindet sich eine stählerne Kathode. Als Elektrolyt dient eine alkalische Paste mit Quecksilberoxid. Die meisten Kleingeräten laufen mit Trockenzellenbatterien.

18 Chemische Notation und Elektrolyse

DIE AUFGABE:

Berzelius berechnete die Atomgewichte von 43 Elementen. Außerdem entwickelte er ein System mit Buchstaben als Abkürzungen der lateinischen Namen und Zahlen zur Darstellung ihrer Verhältnisse. Seine elektrolytischen Experimente führten zum Konzept der Ionen und der Ionenbindung. Wenn wir bei der Elektrolyse von verdünnter Schwefelsäure feststellen, dass sich an der negativen Elektrode (Kathode) 36 ml Wasserstoff gebildet hat, wie groß ist dann das Sauerstoffvolumen an der positiven Elektrode (Anode)?

DIE METHODE:

Zuerst schreiben wir die Gleichungen für die Elektrolyse verdünnter Schwefelsäure (H_2SO_4). Wir müssen außerdem wissen, welche Ionen vorhanden sind und wie die Elektronen auf die Elektroden übertragen werden, so dass Wasserstoff und Sauerstoff frei werden. Anhand dieser Daten können wir das Verhältnis zwischen Wasserstoff und Sauerstoff berechnen und damit auch die Menge Sauerstoff, die an der positiven Anode frei wird.

DIE LÖSUNG:

Wenn Schwefelsäure H_2SO_4(aq), in Wasser aufgelöst wird, kommt es zur Ionisation. Deshalb enthält die Lösung Ionen aus Wasserstoff (H^+), Sulfat (SO_4^{2-}) und Hydroxid (OH^-) (aus dem Lösungsmittel). Bei der Elektrolyse wird ein elektrischer Strom durch die Lösung geleitet, wodurch sich H_2SO_4 in O_2- und H_2-Gas zerlegt. Auch das Wasser ist leicht ionisiert und enthält H^+- und OH^--Ionen:

$$H_2O(l) \longrightarrow H^+(aq) + OH^-(aq)$$

Bei der Elektrolyse lagern sich die positiven H+-Ionen an der negativen Elektrode (Kathode) und die negativen OH-Ionen vorzugsweise (noch vor SO_4^{2-} Ionen) an der positiven Elektrode (Anode) ab. Bei den jeweiligen Elektroden erhalten die positiven H_+-Ionen negativ geladene Elektronen (e^-) und bilden damit H_2-Gas. Die negativen OH⁻-Ionen verlieren negativ geladene Elektronen und bilden O_2:

$$2\,H^+(aq) + 2\,e^- \longrightarrow H_2(g)$$
oder
$$4\,H^+(aq) + 4\,e^- \longrightarrow 2\,H_2(g)$$
(verdoppelt, um die Anzahl e^- in Gleichgewicht zu bringen)

$$4\,OH^-(aq) - 4\,e^- \longrightarrow O_2(g) + 2\,H_2O(l)$$

Aus den Gleichungen ergibt sich, dass zwei zusätzliche Elektronen ein Wasserstoffmolekül (H_2) aus zwei H^+-Ionen bilden. Vier Elektronen müssen abgegeben werden, um ein Sauerstoffmolekül (O_2) aus vier OH⁻-Ionen zu bilden. Das Verhältnis Wasserstoff : Sauerstoff beträgt also 2:1. Das Wasserstoffvolumen betrug 36 ml, folglich beträgt das Volumen des gebildeten Sauerstoffgases 36 / 2 = 18 ml.

$$36 / 2 = 18\ ml$$

• HOFMANNS VOLTAMETER

1886 stellte der deutsche Chemiker August von Hofmann sein Voltameter vor, ein Instrument zur Elektrolyse von Wasser. Hierbei wird Wasser mit Spuren einer Ionenverbindung angereichert, um die Leitfähigkeit zu erhöhen anschließend mittels der beidseitig elektrisch geladenen Platinelektroden elektrolysiert. An der positiven Anode sammelt sich daraufhin gasförmiger Sauerstoff (O_2), an der negativen Kathode Wasserstoff, wobei die Gase in ihren jeweiligen Zylindern die Wasserlösung verdrängen.

An der Anode und Kathode entstehen Bläschen aus Sauerstoff bzw. Wasserstoff.

Der elektrische Strom zerlegt eine ansonsten nicht reaktive Lösung.

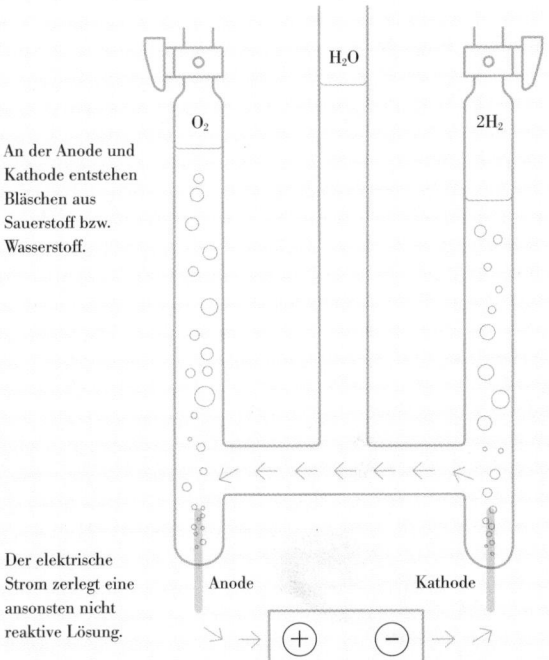

Humphry Davy

Humphry Davy war ein berühmter Zeitgenosse von Berzelius. Er verstand es besser als alle anderen, die Wissenschaft zu einem öffentlichen Thema zu machen. Auch wenn er kein brillanter Theoretiker war, so machten ihn doch seine Entdeckungen und Erfindungen zum berühmtesten Chemiker seiner Zeit, vielleicht sogar zum berühmtesten Chemiker aller Zeiten.

Psychedelisches Gas

Humphry Davy (1778-1829) entstammte einer armen Familie in Penzance, einer Kleinstadt an der Südwestspitze Englands. Seine Karriere war die Modellkarriere eines erfolgreichen Wissenschaftlers, aber trotzdem – oder gerade dadurch – entkam Davy nie seiner provinziellen, ärmlichen Herkunft. Wie Berzelius holte sich Davy seine Kenntnisse der Chemie aus Lehrbüchern – er verschlang Lavoisiers *Traité Elémentaire* – und wie Newton, Scheele und viele andere berühmte Chemiker begann er seine Karriere als Lehrjunge bei einem Apotheker. 1798 stellte ihn der Physiker Thomas Beddoes (1760-1808) in seinem pneumatischen Institut in Bristol ein, wo er nach medizinischen Anwendungen neuer pneumatischer Entdeckungen forschte.

1799 veröffentlichte Davy seine ersten Artikel, in denen er Lavoisiers „Wärmestoff" kritisierte und dafür plädierte Wärme nicht als Stoff, sondern als Bewegung zu sehen. Berühmt wurde Davy durch seine Experimenten mit Lachgas (N_2O), bei denen er selbst als Testperson fungierte und die psychedelischen Effekte dieses Gases entdeckte. Er beschrieb seinen „Trip" wie folgt: „Aus tiefster Überzeugung rief ich wie ein Prophet Dr. Kinglake

zu: „Es gibt nur Gedanken! – Das Weltall besteht aus Eindrücken, Ideen, Vergnügen und Schmerzen!" Seine Beobachtung, dass Lachgas „offensichtlich physischen Schmerz beseitigen kann" wurde 45 Jahre lang nicht beachtet, aber heute wird Lachgas oft als Betäubungsmittel verwendet. Das Inhalieren von Lachgas wurde populär im romantischen Kreis der Dichter Coleridge, Wordsworth und Southey, die auch zu Davys Bekanntenkreis gehörten. Davy selber schrieb auch Gedichte.

Brillante Fragmente

1800 fing Davy an mit der neuen Voltasäule zu arbeiten und stellte fest, dass die Elektrizität durch die Oxidation von Zink erzeugt wird: eine Entdeckung, die ihm die Mitgliedschaft der Royal Society brachte. 1801 zog Davy nach London, wo er als neuer Star der Royal Institution eine enorm populäre Vortragsreihe veranstaltete. Zur Bestätigung von Lavoisiers Theorie, dass Pottasche und Soda nicht zu zerlegende Metalloxide seien, baute er die bis dahin stärkste Säule mit 250 Scheiben. Hiermit elektrolysierte er die Stoffe in geschmolzenem Zustand und erhielt reines Lithium und Natrium. Sein Neffe Edmund Davy beschrieb Davys Reaktion: „Als er sah, wie die winzigen Kügelchen Kalium durch die Kruste aus

Pottasche zum Vorschein kamen und an der Luft in Flammen aufgingen, konnte er seine Begeisterung nicht mehr unterdrücken." Im folgenden Jahr gelang es Davy auf die gleiche Weise, auch die alkalischen Erdmetalle zu isolieren.

Als Davy Säuren untersuchte, zerlegte er Salzsäure und entdeckte, dass sie keinen Sauerstoff sondern Chlor enthält. Chlor wurde zwar bereits 1774 von Scheele entdeckt, dieser betrachtete es jedoch als Sauerstoffverbindung. Mit der Isolierung von Chlor widerlegte Davy die Sauerstofftheorie von Lavoisier und stellte die These auf, dass Wasserstoff das säuernde Mittel ist. 1812 wurde Davy zum Ritter geschlagen. Als besonderer Verdienst wurde hervorgehoben, dass man seiner Arbeit verdanke, dass die britische Wissenschaft die französische Wissenschaft übertroffen habe! Nach Davys Weigerung, die von ihm erfundene Sicherheitslampe (s. Rahmen) patentieren zu lassen, wurde er mit neuen Titeln belohnt, unter denen der höchste, der jemals einem Wissenschaftler verliehen wurde: „Baronet". Davy wurde zum Vorsitzenden der Royal Society, aber der letzte Teil seiner Karriere versandete in Machtkämpfen über den weiteren Kurs der Wissenschaft. Schließlich zog er sich zurück und verbrachte seine Zeit vor allem mit Reisen und Angeln. Er starb in der Schweiz, unzufrieden mit seinem Lebenswerk, das – so sein Kollege Berzelius – aus „brillanten Fragmenten" bestehe.

DAVYS GRUBENLAMPE

Davys berühmteste Erfindung war die Grubenlampe für Bergarbeiter, die als Davysche Sicherheitslampe bekannt wurde. 1815 wurde Davy gebeten, einen Beitrag zur Erhöhung der Sicherheit in den Bergwerken zu leisten und die Kumpel gegen das so genannte Grubengas zu schützen (eine Ansammlung von explosivem Methan). Seine Analyse zeigte, dass Methan bei einer Konzentration von 1:8 und höher hoch entzündlich wird und – bei noch höheren Temperaturen – sogar explodieren kann. Davy entwickelte daraufhin ein Metallgitter um die Lampe herum, das die Wärme so schnell von der Flamme abführte, dass keine Verbrennungsreaktion mit dem Methan mehr auftrat. Die Öffnungen im Gitter ließen dabei wohl

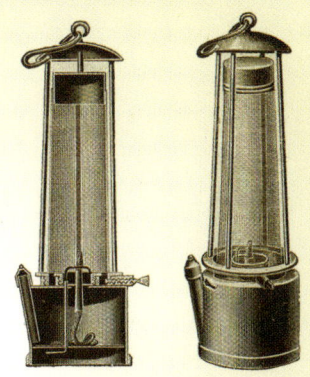

• Die Davy-Lampe funktionierte auch als Gasdetektor, denn die Flamme brennt stärker oder schwächer, je nach den in der Umgebung vorhandenen Gasen.

Licht und Gase durch. Hiermit hatte Davy eine preiswerte und robuste Sicherheitslampe entworfen, deren Glühstrumpf mit einem Zylinder, bzw. „Flammsieb" geschützt war.

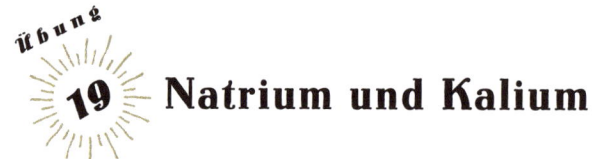

Natrium und Kalium

DIE AUFGABE:

Humphry Davy isolierte mittels Elektrolyse von geschmolzener kaustischer Soda (Natriumhydroxid) und Pottasche als erster Natrium und Kalium. Diese beiden Metalle sind hochreaktiv und bilden in Wasser nicht nur Wasserstoffgas, sondern auch kaustische alkalische Lösungen (Hydroxide). Sie werden deshalb auch als Kalimetalle bezeichnet. Ein Lehrer demonstriert diese Reaktionen und lässt seine Schüler ausrechnen, wie viel Wasserstoff bei 20 °C aus der Reaktion von 0,1 g Natriummetall mit Wasser und geschmolzener Pottasche freikommt.

DIE METHODE:

Die Schüler schreiben die Gleichung für die Reaktion zwischen Natrium, sie wissen, dass es sich um die Produkte Hydroxid (Natriumhydroxid) und Wasserstoffgas handelt. Anschließend berechnen sie das Molverhältnis zwischen den beiden Produkten, wobei sie das Volumen von Wasserstoffgas bei 20 °C aus dem Molvolumen (22,4 Liter) oder dem idealen Gasgesetz ableiten können.

DIE LÖSUNG:

Die Atomgewichte von Natrium unter Wasserstoff betragen Na = 23 und H = 1, die Gleichung zwischen Natriummetall und Wasser lautet dann folgendermaßen:

$$2 \, Na(s) + 2 \, H_2O(l) \longrightarrow 2 \, NaOH(aq) + H2(g)$$

2 Mol	1 Mol
(46 g)	(2 g)

Wie man sieht, erzeugt die Reaktion von 2 Mol (46 g) Natriummetall mit Wasser 1 Mol (2 g) H_2-Gas. Mit diesen Werten können die Schüler die Gleichung anpassen und berechnen wie viel Mol H_2 bei der Reaktion mit 0,1 g Na entstehen:

0,1 / 23 = 0,0043 Mol Na erzeugt 0,1 / (2 x 23) = 0,0022 Mol H_2-Gas.

Da 1 Mol Gas bei Standardtemperatur und Druck (0 °C und 1 Pa Druck) 22,4 l einnimmt, können die Schüler das Volumen von 0,0022 Mol H_2 berechnen:

0,0022 x 22,4 = 0,049

Um das Volumen bei 20 °C zu berechnen, müssen die Schüler auf das ideale Gasgesetz zurückgreifen: $PV = nRT$ (s. S. 108), P = Druck (in diesem Fall 1 Pa), V = Volumen, n = Anzahl Mol, R = die Gaskonstante (8,314 J mol^{-1} K^{-1}), und T die Temperatur in Kelvin. Wie auch in früheren Beispielen muss die Formel angepasst werden, damit der Wert von V errechnet werden kann:

$$V = nRT / P$$

Gibt man die richtigen Werte in diese Gleichung ein, so beträgt das Volumen von 0,0022 Mol H_2:

(0,0022 x 0,082 x 293) / 1

= 0,53 L oder 53,3 ml

Industriell wird Natriumhydroxid immer noch im gleichen Verfahren – also durch Elektrolyse einer Salzlösung – hergestellt. Wie die Nebenprodukte Wasserstoff und Chlorgas ist es auch heute noch ein wichtiges Produkt der weltweiten Chlor- und Kali-Industrie.

• Die Reaktion von Natrium mit Wasser liefert spektakuläre Bilder.

Das Periodensystem

Die Entwicklung der anorganischen Chemie und die
Suche nach den Elementen erreichten ihren
Höhepunkt im Periodensystem der Elemente. In
dieser simplen Struktur konnten die Entdeckungen
der chemischen Revolution strukturiert und kohärent
dargestellt werden. Dieses Kapitel erläutert die
grundlegenden Prinzipien des Periodensystems und
die Geschichte seiner Entdeckung. Anschließend
werden die wichtigsten neueren Entwicklungen in der
Chemie behandelt – die Kernchemie und die
organische Chemie.

DAS PERIODENSYSTEM

In seiner heutigen Form zählt das Periodensystem 118 Elemente. Die Elemente mit den höchsten Ordnungszahlen sind allerdings sehr instabil, viele haben nur für den Bruchteil einer Sekunde im Kollisionsraum eines Teilchenbeschleunigers existiert. Um zu verhindern, dass die Tabelle unübersichtlich wird, wird der sogenannte F-Block (die Reihen mit den Lanthanoiden und Actinoiden) meistens zusammengefasst und getrennt wiedergegeben.

Dieses Periodensystem zeigt alle 118 bekannten Elemente, während die Tabelle unten die Namen und Atommassen jener 109 Elemente nennt, deren Namen allgemein anerkannt und von der IUPAC (Deutsch: Internationale Union für reine und angewandte Chemie) genehmigt wurden. Die Farbcodes bezeichnen die wichtigsten Gruppen. Da Wasserstoff (H) sich schlecht unterbringen lässt, wird er in manchen Versionen des Systems als getrennter Block aufgeführt.

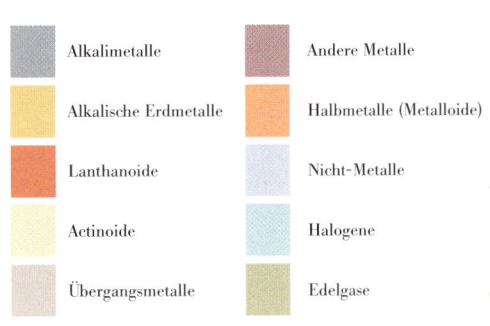

Alkalimetalle		Andere Metalle	
Alkalische Erdmetalle		Halbmetalle (Metalloide)	
Lanthanoide		Nicht-Metalle	
Actinoide		Halogene	
Übergangsmetalle		Edelgase	

Ac Actinium 227	**Au** Gold 196.9665	**Br** Brom 79.904	**Cm** Curium 247	**Ds** Darmstadtium 278	**Fm** Fermium 257	**Hf** Hafnium 178.49	**K** Potassium 39.0983
Ag Silber 107.8682	**B** Bor 10.811	**C** Kohlenstoff 12.0107	**Cn** Copernicium 285	**Dy** Dysprosium 162.5	**Fr** Francium 223	**Hg** Quecksilber 200.59	**Kr** Krypton 83.8
Al Aluminum 26.9815	**Ba** Barium 137.327	**Ca** Calcium 40.078	**Co** Cobalt 58.9332	**Er** Erbium 167.259	**Ga** Gallium 69.723	**Ho** Holmium 164.9303	**La** Lanthanum 138.9055
Am Americium 243	**Be** Beryllium 9.0122	**Cd** Cadmium 112.411	**Cr** Chrom 51.9961	**Es** Einsteinium 252	**Gd** Gadolinium 157.25	**Hs** Hassium 277	**Li** Lithium 6.941
Ar Argon 39.948	**Bh** Bohrium 264	**Ce** Cerium 140.116	**Cs** Cesium 132.9055	**Eu** Europium 151.964	**Ge** Germanium 72.64	**I** Iodine 126.9045	**Lr** Lawrencium 262
As Arsenic 74.9216	**Bi** Bismuth 208.9804	**Cf** Californium 251	**Cu** Kupfer 63.546	**F** Fluorine 18.9984	**H** Wasserstoff 1.0079	**In** Indium 114.818	**Lu** Lutetium 174.967
At Astatine 210	**Bk** Berkelium 247	**Cl** Chlorine 35.453	**Db** Dubnium 262	**Fe** Eisen 55.845	**He** Helium 4.0026	**Ir** Iridium 192.217	**Md** Mendelevium 258

1A																	8A
H 1	2A											3A	4A	5A	6A	7A	**He** 2
Li 3	**Be** 4											**B** 5	**C** 6	**N** 7	**O** 8	**F** 9	**Ne** 10
Na 11	**Mg** 12	3B	4B	5B	6B	7B	8B			1B	2B	**Al** 13	**Si** 14	**P** 15	**S** 16	**Cl** 17	**Ar** 18
K 19	**Ca** 20	**Sc** 21	**Ti** 22	**V** 23	**Cr** 24	**Mn** 25	**Fe** 26	**Co** 27	**Ni** 28	**Cu** 29	**Zn** 30	**Ga** 31	**Ge** 32	**As** 33	**Se** 34	**Br** 35	**Kr** 36
Rb 37	**Sr** 38	**Y** 39	**Zr** 40	**Nb** 41	**Mo** 42	**Tc** 43	**Ru** 44	**Rh** 45	**Pd** 46	**Ag** 47	**Cd** 48	**In** 49	**Sn** 50	**Sb** 51	**Te** 52	**I** 53	**Xe** 54
Cs 55	**Ba** 56	* 57–71 Lantha-nide	**Hf** 72	**Ta** 73	**W** 74	**Re** 75	**Os** 76	**Ir** 77	**Pt** 78	**Au** 79	**Hg** 80	**Tl** 81	**Pb** 82	**Bi** 83	**Po** 84	**At** 85	**Rn** 86
Fr 87	**Ra** 88	** 89–103 Actinides	**Rf** 104	**Db** 105	**Sg** 106	**Bh** 107	**Hs** 108	**Mt** 109	**Ds** 110	**Rg** 111	**Cn** 112	**Uut** 113	**Uuq** 114	**Uup** 115	**Uuh** 116	**Uus** 117	**Uuo** 118

* Lanthanides	**La** 57	**Ce** 58	**Pr** 59	**Nd** 60	**Pm** 61	**Sm** 62	**Eu** 63	**Gd** 64	**Tb** 65	**Dy** 66	**Ho** 67	**Er** 68	**Tm** 69	**Yb** 70	**Lu** 71
** Actinides	**Ac** 89	**Tn** 90	**Pa** 91	**U** 92	**Np** 93	**Pu** 94	**Am** 95	**Cm** 96	**Bk** 97	**Cf** 98	**Es** 99	**Fm** 100	**Md** 101	**No** 102	**Lr** 103

Mg
Magnesium
24.305

Mn
Mangan
54.938

Mo
Molybdän
95.94

Mt
Meitnerium
268

N
Stickstoff
14.0067

Na
Sodium
22.9897

Nb
Niobium
92.9064

Nd
Neodymium
144.24

Ne
Neon
20.1797

Ni
Nickel
58.6934

No
Nobelium
259

Np
Neptunium
237

O
Sauerstoff
15.9994

Os
Osmium
190.23

Ph
Phosphor
30.9738

Pa
Protactinium
231.0359

Pb
Blei
207.2

Pd
Palladium
106.42

Pm
Promethium
145

Po
Polonium
209

Pr
Praseodymium
140.9077

Pt
Platin
195.078

Pu
Plutonium
244

Ra
Radium
226

Rb
Rubidium
85.4678

Re
Rhenium
186.207

Rf
Rutherfordium
261

Rg
Roentgenium
283

Rh
Rhodium
102.9055

Rn
Radon
222

Ru
Ruthenium
101.07

S
Schwefel
32.065

Sb
Antimon
121.76

Sc
Scandium
44.9559

Se
Selen
78.96

Sg
Seaborgium
266

Si
Silicon
28.0855

Sm
Samarium
150.36

Sn
Zinn
118.71

Sr
Strontium
87.62

Ta
Tantalum
180.9479

Tb
Terbium
158.9253

Tc
Technetium
98

Te
Tellur
127.6

Th
Thorium
232.0381

Ti
Titanium
47.867

Tl
Thallium
204.3833

Tm
Thulium
168.9342

U
Uran
238.0289

V
Vanadium
50.9415

W
Wolfram
183.84

Xe
Xenon
131.293

Y
Yttrium
88.9059

Yb
Ytterbium
173.04

Zn
Zinc
65.39

Zr
Zirconium
91.224

DIE PIONIERE DES SYSTEMS

Die vielen neuen Elemente, die zu Anfang des 19. Jahrhunderts entdeckt wurden, das Atommassenprinzip und das Gesetz vom Massenerhalt, sollten zu einer großen Synthese in der Chemie führen, die den Mikrokosmos vereinigte – wie Newtons Schwerkraftgesetze den Makrokosmos vereinigt hatten. Wem sollte es gelingen, diesen historischen Durchbruch zu leisten?

Die Triaden-Regel

Die Synthese, auf die sich die Chemie hin bewegte, war das Periodensystem der Elemente, das von dem großen russischen Chemiker Dmitri Mendelejev entwickelt wurde (s. S. 152-153). Es gab allerdings drei wichtige Vorläufer, die bereits Prototypen des Systems erstellten und Aspekte des Gesamtsystems erkannten. Sie scheiterten jedoch an der Unvollständigkeit des damaligen chemischen Wissens. Der erste dieser Pioniere war der deutsche Chemiker Johann Wolfgang Döbereiner (1780-1849), Professor an der Universität Jena, und einer der Berater Goethes.

Döbereiner stellte fest, dass das gerade entdeckte Element Brom nicht nur Eigenschaften der Elemente Chlor und Jod zeigt, sondern dass auch seine Atommasse zwischen diesen beiden Elementen liegt. Er untersuchte andere Elemente und konnte zwei weitere dieser Dreiergruppen identifizieren, die er „Triaden" nannte: Sie enthalten die Stoffe Calcium-Strontium-Barium, sowie Schwefel-Selen-Tellur. 1829 veröffentlichte Döbereiner seine „Triaden-Regel", die aber nur geringes Interesse fand, da sie

nur 9 der damals bekannten 54 Elemente umfasste.

Die tellurische Schraube

Im Jahre 1860 wurden die Theorien Avogrados auf dem Karlsruher Kongress anerkannt, dem ersten internationalen Symposium der modernen Chemie. Dies führte zu einer besseren und genaueren Tabelle der Atommassen für die bekannten Elemente. Der französische Geologe Alexandre-Emile Beguyer de Chancourtois (1820-1886) erstellte als erster eine Liste der Elemente in der Reihenfolge der Atommassen. Dabei entdeckte er ein Muster, das er als *vis tellurique* (tellurische Schraube) bezeichnete: Eine Spirallinie an der Außenseite eines Zylinders, an die Atommassen in ansteigender Reihenfolge angegeben waren. Von oben nach unten betrachtet entstanden auf dem Zylinder vertikale Reihen von Elementen mit ähnlichen Eigenschaften, angeordnet in

De Chancourtois

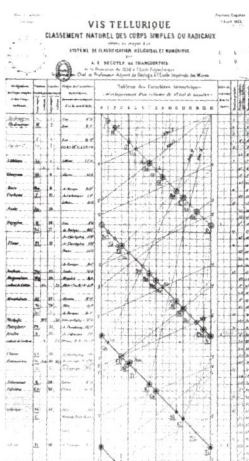

• Das Diagramm von De Chancourtois mit dem er sein Konzept einer „tellurischen Schraube" illustrierte. Sein Artikel von 1862 wurde ohne dieses erläuternde Diagramm veröffentlicht und blieb unverstanden.

einem Muster, dessen Eigenschaften sich alle 16 u periodisch wiederholte.

Als De Chancourtois seine „Schraube" 1862 in einem Artikel veröffentlichte, vergaß man leider das erläuternde Diagramm abzudrucken, so dass die Leser sich fast nichts dabei vorstellen konnten. Es nützte auch nichts, dass De Chancourtois seine Theorien mit geologischen Begriffen zu erläutern versuchte und sich sogar auf das esoterische Gebiet der Zahlensymbolik begab. Die tellurische Schraube blieb nahezu unbeachtet.

Das Gesetz der Oktaven

Zwei Jahre später veröffentlichte der englische Chemiker John Newlands (1837-1898) eine Tabelle von Elementen nach steigender Atommasse in vertikalen Reihen von sieben Elementen (die Edelgase, die zu Reihen von acht Elementen geführt hätten, waren damals noch unerkannt). Dabei beobachtete er, dass dieses Muster zu Reihen von Elementen mit vergleichbaren Eigenschaften führte. Newlands war sehr interessiert an der Musiktheorie und liebäugelte mit pythagoräischen Ideen über mystische Zahlen und Sphärenmusik. Deshalb interpretierte er seine Beobachtungen mit dem musiktheoretischen Begriff der Oktave: „Von jedem gegebenen Element aus ist das achte Element eine Wiederholung des ersten, wie die achte Note in einer Oktave". Er nannte dies das „Gesetz der Oktaven". 1865 berichtete Newlands in einem Artikel für die Chemical Society über seine Theorie. Sie erhielt allerdings noch zahlreiche Lücken, da vor allem bei den höheren Atommassen keinerlei Muster zu erkennen waren. Wie bei Döbereiner und De Chancourtois litt sein System unter dem lückenhaften Wissensstand der damaligen Chemie: Viele Elemente waren noch nicht entdeckt, Atommassen falsch berechnet worden. Erst das Genie Mendelejevs sollte diese Probleme lösen. Newlands wurde verspottet, ein Kollege meinte, genauso gut hätte er die Elemente gleich alphabetisch ordnen können. Nach der Veröffentlichung von Mendelejevs System behauptete Newlands, er habe es bereits früher erkannt, aber ihm fehlten die bahnbrechenden Ideen des Russen. 1887 zeichnete die Royal Society Newlands zwar mit der Davy-Medaille aus, aber er wurde nie zum Mitglied gewählt.

Dimitri Mendelejev

Dimitri Mendelejev, der größte Chemiker seit Lavoisier, war ein Pionier der industriellen und agrarischen Chemie. Er trug in Russland zur Vereinheitlichung von Maßen und Gewichten bei und schrieb ein Standardwerk über Chemie. Seine größte Leistung aber war sein periodisches System, das so bahnbrechend war wie einst die Entdeckungen Newtons und Darwins.

Das Kernproblem

Dmitri Mendelejev (1834-1907) war das jüngste Kind aus einer kinderreichen Familie. Nach dem Tod des Vaters übernahm seine Mutter die Leitung einer Glasfabrik ihrer Familie in Sibirien, um ihre Kinder durchzubringen. Als brillanter Student erhielt Mendelejev ein Stipendium für ein Studium bei Robert Bunsen in Deutschland (der Erfinder des gleichnamigen Brenners, s. S. 164-165). 1861 kehrte er nach Russland zurück und erhielt eine Anstellung an der Universität von Sankt Petersburg.

Wie viele damalige Chemiker wollte Mendelejev die „fundamentalen philosophischen Prinzipien" und damit das zentrale Thema seiner Wissenschaft enthüllen. Als er 1869 ein neues Handbuch der Chemie zusammenstellte, wurde auch er mit der Frage konfrontiert, ob die Elemente nach einem bestimmten System oder Gesetz anzuordnen seien. Als einer der wenigen Chemiker kannte Mendelejev De Chancourtois' Werk und so begann er, mit der Reihenfolge der Elemente zu experimentieren. Dabei fiel ihm auf, dass sich die Halogene und die Sauerstoff- und Stickstoffgruppe nach zunehmender Atommasse in einer Tabelle einordnen lassen. Auf der Suche nach einem umfassenden Muster schrieb Mendelejev die Namen und Atommassen sämtlicher Elemente auf Kärtchen, die er in vertikalen Reihen anordnete. Nach drei Tagen ergebnislosen Grübelns schlief er darüber ein und träumte seinen berühmten Traum: „Ich träumte von einer Tabelle, in der alle Elemente ihren Platz hatten. Als ich aufwachte, schrieb ich sie sofort auf ein Stück Papier". Mendelejevs Traumtabelle zeigt deutlich, dass Elemente, geordnet nach ihren Atommassen, einem periodischen Gesetz folgen (s. S. 154-155).

Vorschlag für ein System

Mendelejevs berühmt gewordener Artikel „Vorschlag für ein System der Elemente" zeigt eine Tabelle, in der die Elemente in Reihen mit abnehmender Atommasse geordnet werden,

• Der bärtige und langhaarige Mendelejev war eine markante Erscheinung. Sein Handbuch *Grundlagen der Chemie* (1870) wurde in zahlreiche Sprachen übersetzt und brachte ihm Weltruhm.

wobei in jeder Reihe Elemente mit gleichen Eigenschaften stehen. Das gewagte und bahnbrechend Neue an diesem System war, dass Mendelejev die Einschränkungen, an denen frühere Versuche gescheitert waren, einfach ignorierte. Falls nötig passte er die Reihenfolge der Elemente einfach an, oder ließ er Positionen offen, wenn noch kein passendes Element entdeckt worden war. Auch wenn er hiermit eine der Hauptregeln der Wissenschaft verletzte – Theorien sollen sich auf Beweise stützen, nicht andersherum – war genau dies der kreative Sprung, der das hartnäckige Problem der Systematisierung der Elemente lösen half. De facto ging Mendelejev einfach davon aus, dass seine Theorie richtig war, und wenn die bisherigen Ergebnisse ihr „widersprachen", hätten sich die Wissenschaftler halt geirrt!

Der wirkliche Test für wissenschaftliche Theorien sind überprüfbare Vorhersagen (s. S. 83) – und die lieferte Mendelejevs periodisches Gesetz. Es konnte nicht nur vorhersagen, welche Atommassen wahrscheinlich falsch waren, sondern auch die Existenz noch unbekannter Elemente einschließlich ihrer vermutlichen

• Das Denkmal für das Periodensystem mit dem charakteristischen Porträt von Dmitri Mendelejev als Mittelpunkt (Slowakische Technische Universität Bratislava, Slowakei).

Atommasse und ihrer Eigenschaften vorhersagen. Unter diesen unbekannten Elementen befand sich ein Element zwischen Aluminium und Iridium – er nannte es Eka-Aluminium und nahm eine Atommasse von 68 an – sowie ein Element zwischen Silizium und Zinn mit Atommasse 70, das er Ekasilizium nannte.

Was Mendelejevs Glauben an sein System bestärkte, war die Übereinstimmung zwischen den horizontalen Reihen – oder Familien – und den Valenzen (s. S. 27) der darin genannten Elemente. Die Valenzen verliefen in vertikaler Richtung von 1 in der Lithiumreihe bis 4 in der Kohlenstoffreihe und wieder zurück zu 1, was also ein Muster von 1, 2, 3, 4, 3, 2, 1 ergab: eine periodische Zu- und Abnahme. Dies war das periodische Gesetz, das Mendelejev gesucht hatte! Auch wenn es noch Inkonsistenzen gab, war seine Überzeugung der Stimmigkeit seines Systems groß genug, diese zu negieren: „Obwohl ich bei einigen Unklarheiten gezweifelt habe, habe ich nie am universalen Charakter des Gesetzes gezweifelt, denn es konnte unmöglich Zufall sein".

ОПЫТЪ СИСТЕМЫ ЭЛЕМЕНТОВЪ.

ОСНОВАННОЙ НА ИХЪ АТОМНОМЪ ВѢСѢ И ХИМИЧЕСКОМЪ СХОДСТВѢ.

		Ti = 50	Zr = 90	? = 180.
		V = 51	Nb = 94	Ta = 182.
		Cr = 52	Mo = 96	W = 186.
		Mn = 55	Rh = 104,4	Pt = 197,4.
		Fe = 56	Rn = 104,4	Ir = 198.
		Ni = Co = 59	Pl = 106,6	O = 199.
H = 1		Cu = 63,4	Ag = 108	Hg = 200.
	Be = 9,4 Mg = 24	Zn = 65,2	Cd = 112	
	B = 11 Al = 27,4	? = 68	Ur = 116	Au = 197?
	C = 12 Si = 28	? = 70	Sn = 118	
	N = 14 P = 31	As = 75	Sb = 122	Bi = 210?
	O = 16 S = 32	Se = 79,4	Te = 128?	
	F = 19 Cl = 35,6	Br = 80	I = 127	
Li = 7 Na = 23	K = 39	Rb = 85,4	Cs = 133	Tl = 204.
	Ca = 40	Sr = 87,6	Ba = 137	Pb = 207.
	? = 45	? = 92		
	?Er = 56	La = 94		
	?Yl = 60	Di = 95		
	?In = 75,6	Th = 118?		

Д. Мендѣлѣевъ

• Die ursprüngliche russische Version von Mendelejevs Periodensystem. Sie steht senkrecht zur heutigen Versionen. Man beachte die Fragezeichen an der Stelle von Elementen, die noch nicht entdeckt waren, deren Existenz er jedoch vorhersagte.

DAS PERIODISCHE GESETZ

Mendelejevs periodisches Gesetz, das er später noch perfektionierte, bildet den Schlüssel zur anorganischen Chemie. Dank dieses Gesetzes konnten die Chemiker jetzt sowohl das große Ganze als auch Details ihres Fachgebietes adäquat verstehen. Sie konnten die Elemente in Familien mit gleichen physischen und chemischen Eigenschaften einteilen und vorhersagen, wie sie aufeinander reagieren würden – sie konnten sogar die Existenz von Elementen vorhersagen, die noch nicht entdeckt waren!

Die Ordnung der Elemente

Wie in früheren Versuchen ordnete auch Mendelejev die Elemente nach ihrer Atommasse. Das Konzept subatomarer Teilchen war damals noch reine Spekulation, denn man hatte keinerlei Möglichkeit, die Existenz von Protonen zu beweisen, geschweige denn sie zu zählen. Dies führte zu Problemen im neuen System, denn die Atommasse korreliert nur dann mit chemischen Eigenschaften, wenn sie auch mit der Ordnungszahl korreliert – schließlich werden die chemischen Eigenschaften von der Anzahl Elektronen eines Elements bestimmt (s. S. 26-27), die wiederum von der Zahl der Protonen (Ordnungszahl) abhängt. Deswegen wird das periodische System heute nach Ordnungszahlen und nicht mehr nach Atommassen geordnet, wodurch einige Inkonsistenzen in Mendelejevs Originalentwurf gelöst sind.

Im Periodensystem sind die Elemente in sieben Reihen oder Perioden geordnet, wobei die Ordnungszahlen von links nach rechts zunehmen. Dabei entsteht eine

Ordnung der Elemente in Spalten, die man als „Elementfamilien" bezeichnet, da die Elemente in jeder Spalte gewisse „Familienähnlichkeiten", also ähnliche physische und chemische Eigenschaften, besitzen. Betrachtet man das periodische System auf S. 149, so sieht man, dass die erste Periode aus 2, 8, 8 und 18 Elementen besteht. Was besagt dieses Muster über die Herkunft der Periodizität? Diese Zahlen korrespondieren mit der Größe der Valenzschale in jeder Periode. Die erste Periode besteht aus Wasserstoff (Ordnungszahl 1) und Helium (2), also beides Atome, die nur die innerste Elektronenschale mit maximal zwei Elektronen als Valenzschale besitzen. Die nächstfolgende Elektronenschale enthält maximal 8 Elektronen, ebenso die dritte, während die vierte 18 enthalten kann. In Wirklichkeit ist es etwas komplizierter, weil die Schalen noch weiter in Orbitale mit den Buchstaben s, p, d und f unterverteilt werden. Im Periodensystem haben die Perioden sechs und sieben jeweils 32 Elemente. Bei diesen hohen Ordnungszahlen werden die

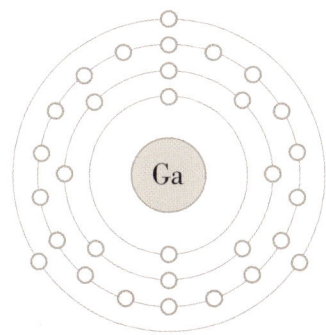

• Die Elektronenkonfiguration von Gallium (Ga), mit
drei Elektronen im äußersten Orbital. Mit seiner
Valenz von 3 steht dieses Element im P-Block, da sein
äußerstes 4p-Orbital noch nicht ganz aufgefüllt ist.

Elektronenkonfigurationen extrem
komplex mit f-Orbitalen, die bis zu 14
Elektronen enthalten können.

Eine prophetische Theorie

Mendelejevs Prophezeiung bei der
Veröffentlichung seines periodischen
Systems bewahrheitete sich: Durch das
Periodensystem konnten die Chemiker
Elemente vorhersagen, die bisher noch gar
nicht entdeckt waren – oder die sogar erst
später im Laboratorium bei hoher Energie
entstehen würden. Mendelejevs Vorhersage der Existenz von Eka-Aluminium
und Eka-Silizium erschien zunächst als
reiner Hochmut, denn es vergingen Jahre
ohne eine derartige Entdeckung. Der
französische Chemiker Paul Lecoq de
Boisbaudran (1838-1912) war fasziniert
von Mendelejevs Annahme und ging auf
die Suche nach dem fehlenden Element.
Lecoq wusste, dass Eka-Aluminium eine
Atommasse von ungefähr 68 haben
müsste. Daraus schlussfolgerte er, dass er
am besten in Zinkerz (Atommasse von ca.

65) suchen könnte. Nach einiger Mühe
gelang es ihm 1875, mittels Spektroskopie
(s. S. 164) ein neues Element zu identifizieren, das er Gallium nannte und das eine
Atommasse von 69,72 hatte. (Zink und
Gallium stehen nebeneinander im
Periodensystem.) Als Lecoq das neue
Metall analysierte, stellte er eine Dichte
von 4,9 g/cm^3 fest, was jedoch nicht mit
Mendelejevs Vorhersage von 6,0 g/cm^3
übereinstimmte. Mendelejev war jedoch so
überzeugt von seiner Theorie, dass er
meinte, dies müsse ein Irrtum sein – wahrscheinlich sei die Probe verunreinigt
gewesen. Der Franzose machte sich wieder
an die Arbeit und anhand eines reineren
Musters berechnete er tatsächlich eine
Dichte von 5,9 g/cm^3.

Auch weitere Entdeckungen bestätig-
ten, dass Mendelejev recht hatte. 1879
wurde das Element Scandium entdeckt,
das Mendelejevs Annahme von Ekabor
entsprach, 1886 wurde Eka-Silizium
gefunden und Germanium genannt.

• Ein Muster aus Gallium, ein weiches silbriges Metall,
das in der Hand schmilzt. Verbindungen mit Gallium
sind sehr wichtig in Halbleitern und werden in der
Mikrowellen- und LED-Technik verwendet.

Übung 20 Elektronen, Schalen und Valenzen

DIE AUFGABE:

J.J. Thomson entdeckte das Elektron und die Isotope. Die Elektronen stellten sich als negativ geladene Teilchen heraus, die – wie Rutherford und Bohr später nachwiesen – in bestimmten Energieniveaus oder Schalen in einer Art Umlaufbahn um den Kern herum kreisen. Die Anordnung von Elektronen in den Schalen wird als Elektronenkonfiguration bezeichnet. Wie können wir mit dem periodischen System die Basiskonfiguration der Elektronen für die Elemente Natrium, Chlor, Magnesium und Sauerstoff ermitteln?

DIE METHODE:

Im Periodensystem sind die Elemente in der Reihenfolge steigender Ordnungszahlen (also der Anzahl positiv geladener Protonen im Kern) geordnet. Ein Atom ist elektrisch neutral, wenn der Kern von der gleichen Anzahl negativ geladener Elektronen umkreist wird. Jede Schale kann nur eine maximale Anzahl Elektronen enthalten. Für die ersten drei Schalen beträgt diese Zahl 2, 8 und 18 Elektronen. Die Anzahl (Valenz) der Elektronen in der äußersten Schale ist zugleich die Gruppennummer des Elements, aus der seine Valenz abgeleitet werden kann.

DIE LÖSUNG:

Natrium hat die Ordnungszahl 11, folglich kreisen 11 Elektronen um seinen Atomkern. Wenn wir die oben erwähnten Regeln anwenden, sind bei Natrium die 11 Elektronen in den Mengen 2, 8 und 1 über 3 Schalen verteilt. Deshalb lautet die Elektronenkonfiguration [2, 8, 1]. Mit einem Elektron in der äußersten Schale gehört das Element zu Gruppe 1. Magnesium hat mit der Ordnungszahl 12 die Elektronenkonfiguration [2, 8, 2] und gehört zu Gruppe 2. Chlor hat die Ordnungszahl 17 mit der Konfiguration [2, 8, 7], das Element gehört also zu Gruppe 7. Sauerstoff schließlich hat die Ordnungszahl 8 und die Konfiguration [2, 6], womit er zu Gruppe 6 gehört. Während die erste Schale bereits mit 2 Elektronen gefüllt ist, sind die anderen Schalen erst mit einem Maximum von 8 Elektronen stabil. Die dritte Schale kann maximal 18 Elektronen enthalten. Die

Valenz eines Elements wird als die Anzahl der Elektronen definiert, mit der sich ein Atom normalerweise bindet, bzw. als die Zahl der Bindungen, die ein Atom eingeht. Natrium und Magnesium haben jeweils 1 und 2 (Valenz-) Elektronen in der äußersten Schale, deshalb beträgt ihre Valenz 1 bzw. 2. Für eine stabile Konfiguration mit 8 Elektronen (ein stabiles Oktett) müssen sie also 1 bzw. 2 Elektronen abgeben. Chlor und Sauerstoff dagegen müssten 1 bzw. 2 Elektronen aufnehmen, um ein stabiles Oktett zu bilden, deshalb beträgt ihre Valenz 1 bzw. 2. Bei Ionenverbindungen wird ein stabiles Oktett durch die Übertragung (also Abgeben oder Aufnehmen) von Elektronen zwischen den Atomen erreicht, bei kovalenten Bindungen werden Elektronen geteilt.

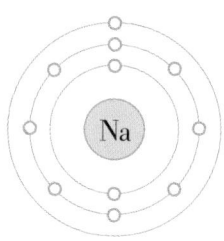
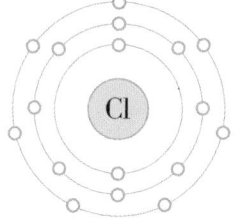

• Die Elektronenkonfiguration von Natrium (Na), mit einem Valenzelektron in der äußersten Schale.

• Die Elektronenkonfiguration von Chlor (Cl), mit sieben Elektronen in der Valenzschale. Laut Oktettregel hat das Element damit die Valenz 1.

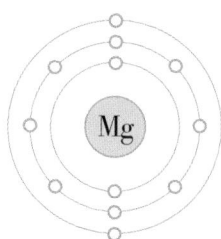
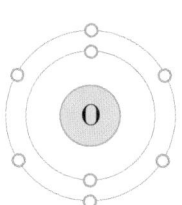

• Die Elektronenkonfiguration von Magnesium (Mg) mit einem Elektron mehr als Natrium und damit der Valenz 2.

• Die Elektronenkonfiguration von Sauerstoff (O), das zwei Elektronen zu wenig aufweist, um die äußere Schale zu füllen. Die Valenz beträgt deshalb 2.

DAS PERIODENSYSTEM

Um die Kategorisierung und Beschreibung der Elemente zu vereinfachen, werden sie im Periodensystem bestimmten Gruppen zugeordnet. Versteht man die Regeln, nach denen die Gruppen festgelegt werden, wird es einfacher sich im scheinbar unentwirrbaren Knäuel von chemischen Namen und Begriffen zurechtzufinden.

Metalle, Nichtmetalle, Metalloide

Die Elemente im System lassen sich auf verschiedene Arten klassifizieren. Man kann sie zunächst in drei allgemeine Kategorien aufteilen: Metalle, Nichtmetalle und Metalloide. Metalle sind alle Elemente, die links von der treppenförmigen Linie von Element 5 (Bor, B), abwärts bis Element 84 (Polonium) liegen – mit Ausnahme von Germanium (Ge) und Antimon (Sb). Die Nichtmetalle stehen (zusammen mit Wasserstoff) rechts von dieser Linie, während die Metalloide direkt auf der Linie stehen. Abbildung 1 zeigt die Metalloide unabhängig von der Tabelle.

Die physischen Eigenschaften von Metallen kennen wir aus dem täglichen Leben. Fast alle sind feste Stoffe (nur Quecksilber [Hg] ist bei Zimmertemperatur flüssig. Caesium [Cs] und Gallium [Ga] schmelzen schon bei 30° C). Die meisten Metalle sind aber hart, kompakt und glänzend. Sie lassen sich verformen und schmieden, deshalb können sie zu dünnen Drähten oder flachen Platten verarbeitet werden. Die Chemiker klassifizieren

Metalle nach dem Grad ihrer Leitfähigkeit, denn alle sind gute Leiter von Elektrizität und Wärme. Bei chemischen Reaktionen geben sie meist Elektronen ab.

Zu den Nichtmetallen gehören Gase und Flüssigkeiten, in festem Zustand sind sie meist brüchig. Sie sind schlechte Leiter und nehmen bei chemischen Reaktionen meist Elektronen auf.

Die Metalloide oder Halbmetalle kombinieren die Eigenschaften dieser

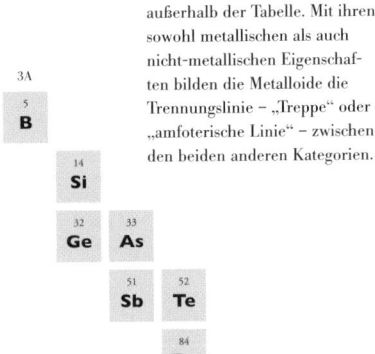

• Die metalloiden Elemente, hier außerhalb der Tabelle. Mit ihren sowohl metallischen als auch nicht-metallischen Eigenschaften bilden die Metalloide die Trennungslinie – „Treppe" oder „amfoterische Linie" – zwischen den beiden anderen Kategorien.

DIE SUPERSCHWEREN ELEMENTE

Bei einer sehr hohen Ordnungszahl wird der Kern eines Atoms sehr groß und deshalb instabil. Dadurch werden die Elemente radioaktiv (s. S. 168-169) und zerfallen in Elemente mit einer niedrigeren Ordnungszahl. Uran und Plutonium sind die schwersten natürlich vorkommenden Elemente, aber bei Kernreaktionen oder in Teilchenbeschleunigern lassen sich noch schwerere Elemente bilden, die sofort wieder zerfallen. In Teilchenbeschleunigern ist es Wissenschaftlern gelungen, viele dieser aus dem Periodensystem ableitbare superschwere Elemente künstlich herzustellen. Eines dieser erst kürzlich hergestellten superschweren Elemente ist das Ununseptium (Uus), Element 117. Im Januar 2010 gab eine amerikanisch-russische Forschergruppe bekannt, 6 Atome dieses Elements hergestellt zu haben, indem man Atome von Calcium (Ordnungszahl 20) und Berkelium (Ordnungszahl 97) aufeinander geschossen hatte. Das schwerste aller bisher geschaffenen Elemente ist das Ununoctium (Uuo, 118), von dem gerade einmal vier Atome mit einer Halbwertzeit von einigen Millisekunden registriert wurden. Die Namen dieser superschweren Atome werden provisorisch nach einem Namensystem der IUPAC zusammengestellt, bis man sich auf permanente Namen und Symbole einigen wird. Das IUPAC-System verwendet lateinische und griechische Wortstämme und Endungen. Sollte das Element 119 jemals erzeugt werden, so heißt es Ununennium: un (1), + un (1) + enn (9) + ium (Standardendung). Die Entscheidung für einen permanenten Namen ist oft ein kontroverser politischer Prozess. So wurden für das Ununtrium (Uut, 113) zwei Namen vorgeschlagen: Japonium und Rikenium – das IUPAC muss darüber entscheiden.

beiden Gruppen, auch die Leitfähigkeit. Diese als „Halbleiter" bezeichneten Stoffe sind aufgrund ihrer nützlichen Eigenschaften für elektronische Geräte besonders wertvoll.

Die meisten Elemente im Periodensystem bilden Oxide. Ihr Verhalten im Wasser hängt meistens davon ab, ob es sich um Metalle handelt oder nicht. Metalle bilden basische Oxide, die im Wasser alkalische Lösungen bilden, Nichtmetalle liefern säurebildende Oxide, die im Wasser saure Lösungen bilden. Manche Elemente, wie Aluminium, bilden sogenannte amphotere Oxide, die sowohl sauer als auch basisch reagieren können.

Gruppenbeziehung

Das Periodensystem lässt sich auch in Gruppen unterteilen. Dies sind die vertikalen Spalten, die von 1 bis 18 oder in traditioneller Zählung mit römischen Ziffern und Buchstaben nummeriert sind. Die acht Gruppen des Periodensystems, in denen schon ab der 1. oder 2. Periode Elemente stehen, heißen Hauptgruppen (I bis VIII). In der I. Hauptgruppe stehen die Alkalimetalle und Wasserstoff mit einem Elektron auf der Außenschale; in der II. Hauptgruppe die Erdalkalimetalle mit zwei Elektronen auf der Außenschale und in der VII. Hauptgruppe die Haloggene. In der VIII. Hauptgruppe befinden sich die Edelgase mit einer voll besetzten Außenschale.

Betrachten wir diese vier Gruppen einmal genauer: die Alkalimetalle, IA (heutiges System: 1), die alkalischen Erdmetalle IIA (2), die Halogene VIIA (17), und die Edelgase VIIIA (18). (Wasserstoff scheint im Periodensystem aufgrund seiner Ordnungszahl zu Gruppe IA zu gehören, hat jedoch davon

• Die sechs Elemente der Gruppe der Alkalimetalle.

Li	K	Cs
Lithium	Potassium	Cesium
6.941	39.0983	132.9055
Na	Rb	Fr
Sodium	Rubidium	Francium
22.9897	85.4678	223

• Die 6 Elemente in der Gruppe der alkalischen Erdmetalle.

Be	Ca	Ba
Beryllium	Calcium	Barium
9.0122	40.078	137.327
Mg	Sr	Ra
Magnesium	Strontium	Radium
24.305	87.62	226

abweichende Eigenschaften und bildet deshalb eine Gruppe für sich). Die Alkalimetalle sind sehr reaktiv und so weich, dass man sie mit einem Messer schneiden kann. Sie alle geben ein Valenzelektron ab, um positive Ionen zu bilden und den Oxidationsstand I anzunehmen. Auch die alkalischen Erdmetalle sind meist sehr reaktiv. Wie die IA-Metalle kommen sie in der Natur als ionische Salze vor. Da sie jedoch über zwei Valenzelektronen verfügen, nehmen sie Oxidationsstand II an. Die Halogene verdanken ihren Namen ihrer Neigung mit Metallen zu reagieren und damit Salze (griechisch Halx) zu bilden. Da sie über je sieben Valenzelektronen verfügen, handelt

---

• DIE GRENZEN DES PERIODISCHEN SYSTEMS

Da immer noch neue Elemente entdeckt werden, fragt man sich, wie viele Perioden das System enthalten kann. Ist das f-Orbital gefüllt, folgt das g-Orbital – falls es existiert. Wenn es eine achte und neunte Periode gibt, enthalten sie einen g-Block, der bei Element 121 (Urbiunium)

beginnt. Der äußere Orbitaldurchmesser bestimmt die theoretische Obergrenze der Atomgröße. Bei einem Atom mit mehr als 173 Elektronen wäre die Außenschale so groß, dass sich die Elektronen schneller als Licht bewegen müssten. Da dies unmöglich ist, ist Element 173

(Unseptrium) wohl das letztmögliche Element. Auch wenn Elemente um 126 in Begriffen des nuklearen Zerfalls „stabil" wären, weil sie einige Momente existieren würden, größere Elemente gibt es wohl nicht.

• Die 5 Elemente in der Gruppe der Halogene.

F	**Cl**	**Br**
Fluorine	Chlor	Brom
18.998	35.453	79.904
I	**At**	
Iodine	Astatine	
126.905	210	

17	Cl
35	Br
53	I
85	At

und reagieren deshalb äußerst träge. Bei diesen A-Gruppen geben die römischen Zahlen den Umfang der Valenzschale und damit die chemischen Eigenschaften an.

Blöcke mit Buchstaben

Das Periodensystem lässt sich auch nach Orbitaltypen einteilen. Dabei entspricht jede Periode einer weiteren Elektronenschale, die immer weiter vom Atomkern entfernt liegt. Diese Schalen wiederum sind in s-, p-, d- und f- Orbitale gegliedert (mit jeweils 2, 6, 10 und 14 Elektronen). Entsprechend dem Anstieg der Ordnungszahl je Periode füllen die Elemente diese Schalen nacheinander auf. Die Tabelle kann deshalb in Blöcke aufgeteilt werden, die mit diesen Orbitalen korrespondieren. Der s-Block an der linken Seite besteht aus den Gruppen IA und IIA, der p-Block an der rechten Seite aus den Gruppen IIIA–VIIIA. Das p-Orbital wird von links nach rechts schrittweise aufgefüllt. Dazwischen liegt der d-Block mit den B-Gruppen, den sogenannten Übergangsmetallen, bei denen das d-Orbital im Lauf dieser Periode schrittweise gefüllt wird. Weil das d-Orbital maximal 10 Elektronen enthalten kann, ist der d-Block 10 Elemente breit. Bei Periode 6 und 7 spricht man vom f-Orbital, aber aus Platzgründen wird der f-Block meist unter dem Periodensystem wiedergegeben. Er enthält Elemente, die als Lanthanide oder seltene Erden (Periode 6) bekannt sind, sowie die Actinoide (Periode 7), die sämtlich radioaktiv sind. Da das f-Orbital maximal 14 Elektronen enthalten kann, ist der f-Block 14 Elemente breit.

es sich um oft starke Oxidationsmittel, die ein Elektron aufnehmen und negativ geladene Ionen bilden. Diese drei Gruppen zeigen Eigenschaften, die für alle Gruppen im Periodensystem typisch sind: Je weiter unten ein Element steht, desto weniger ähnelt es den anderen in der betreffenden Spalte. Auch weicht das oberste Element einer Spalte meist etwas von den anderen ab (so unterscheiden sich die chemischen Eigenschaften von Lithium von denen der anderen Alkalimetalle).

Als Mendelejev sein System entwickelte, waren die Edelgase noch unbekannt. Nach ihrer Entdeckung befürchtete er zunächst, dass eine neue Gruppe von Elementen seine Theorien widerlegen würde. Die Edelgase stellten sich jedoch als letztes Puzzlestück seines Systems heraus und passten genau an das Ende der Tabelle. Edelgase haben eine volle Valenzschale mit acht Elektronen

He	**Ne**	**Ar**
Helium	Neon	Argon
4.003	20.179	39.948
Kr	**Xe**	**Rn**
Krypton	Xenon	Radon
83.798	131.293	222

• Die 6 natürlich vorkommenden Edelgase besitzen eine sehr niedrige Reaktivität.

8A	
2	He
10	Ne
18	Ar
36	Kr
54	Xe
86	Rn

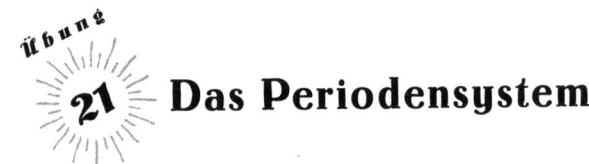

Das Periodensystem

DIE AUFGABE:

Mendelejev entwickelte das periodische System, um sich wiederholende (periodische) Eigenschaften der damals bekannten Elemente in der Reihenfolge ihrer steigenden Atommasse wiederzugeben. Nach der Entdeckung neuer Elemente wurde die Einteilung angepasst, sodass die heutige Tabelle 118 Elemente enthält, die nach steigender Ordnungszahl aufgeführt sind. Eisen ist ein unentbehrliches Element für das Leben auf der Erde. Wie können wir mithilfe des periodischen Systems (s. S. 149) die Zahl der Protonen und Elektronen in Eisen (Fe)-Atom und in Fe^{2+}- und Fe^{3+}-Ionen ermitteln?

DIE METHODE:

Das periodische System zeigt die Elemente geordnet nach ihrer steigenden Ordnungszahl (der Zahl der Protonen im Atomkern): Von Wasserstoff (Ordnungszahl 1) bis Ununoctium (118), wobei die jeweilige Atommasse auf dem gewogenen Durchschnittswert der Isotopen beruht. Ein Isotop eines Elements hat dieselbe Ordnungszahl, aber eine andere Massenzahl (die Zahl der Protonen und Neutronen im Atomkern). Da alle Atome elektrisch neutral sind, muss die Zahl der positiv geladenen Protonen im Kern (die Ordnungszahl) der Zahl der negativ geladenen Elektronen (e⁻) außerhalb des Kerns entsprechen (s. S. 132). Ein positives Ion bildet sich deshalb durch Abgeben eines oder mehrerer Elektronen.

DIE LÖSUNG:

Im Periodensystem hat Eisen (Fe) eine Ordnungszahl von 26. Damit besitzt das neutrale Eisenatom (Fe) 26 positiv geladene Protonen im Kern und 26 negativ geladene Elektronen außerhalb des Kerns. Zur Erzeugung von Fe^{2+}- und Fe^{3+}-Ionen müssen also jeweils zwei oder drei Elektronen abgegeben werden:

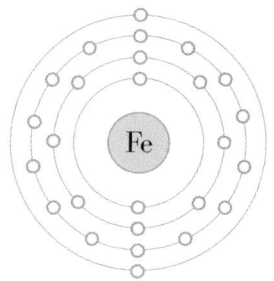

26
Fe

Fe
Iron
55.845

$$Fe - 2\ e^- \longrightarrow Fe^{2+}$$
$$Fe - 3\ e^- \longrightarrow Fe^{3+}$$

Im Fe^{2+}-Ion befinden sich also 26 Protonen und $(26{-}2) = 24$ Elektronen, im Fe^{3+}-Ion 26 Protonen und $(26{-}3) = 23$ Elektronen, was die Ladung des Ions ergibt.

• Die Elektronenkonfiguration von Eisen (Fe) zeigt, dass die Valenzschale ein 4s-Orbital ist. In Wirklichkeit sind die Unterschiede viel komplexer, so dass Eisen leicht zwei verschiedene Oxidationszustände annehmen kann. Im Periodensystem stehen die Ordnungszahl und die Atommasse von Eisen, aber letztere ist keine ganze Zahl, weil in der Natur mehr als ein Eisenisotop vorkommt.

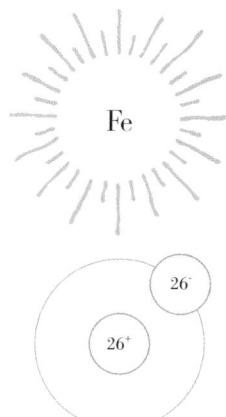

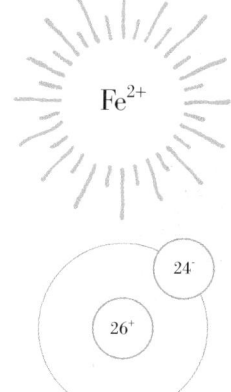

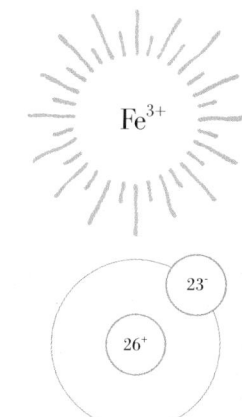

SPEKTROSKOPIE

Wie das periodische Gesetz zeigt, besteht ein enger Zusammenhang zwischen Chemie und Physik. Zu Anfang des 19. Jahrhunderts erschloss die Voltasäule – die Erfindung eines Chemikers – neue Gebiete der Chemie und Physik. Aus dieser Verbindung von Chemie und Physik entstand später eine andere Technik, die neue Welten der Natur sichtbar machte.

Der Fingerabdruck des Lichts

Der deutsche Optiker Joseph von Fraunhofer (1787-1826) beobachtete als erster, dass die Spektren (Reihen bestimmter Wellenlänge) einer Flamme sichtbare Linien unterschiedlicher Helligkeit aufweisen, wenn man sie durch optisches Glas betrachtet. Als er sein Fernrohr auf die Sonne richtete, entdeckte er, dass das ununterbrochene Spektrum von Sonnenlicht von einigen dunklen Linien unterbrochen wird, denen er Namen gab. Diese sogenannten Spektrallinien blieben zunächst mysteriös. Die Annahme William Henry Fox Talbots aus dem Jahr 1826, dass die Spektrallinien möglicherweise für chemische Analysen brauchbar seien, blieb bis zu den sechziger Jahren des 19. Jahrhunderts unbeachtet. Dann beobachtete Robert Bunsen (1811-1899), Professor für Chemie in Heidelberg (und Lehrer von Mendelejev), dass die Verbrennung von Elementen zu Flammen mit jeweils charakteristischen Farben führt. Gemeinsam mit einem Kollegen, dem Physiker Gustav Kirchhoff (1824-1887), analysierte er dieses Problem. Mittels eines Prismas, das das Licht in verschiedene Wellenlängen aufteilt, entdeckten die beiden 1859 die Spektren mehrerer Elemente, womit sie bewiesen, dass jedes Element ein einmaliges und stabiles Spektrum ausstrahlt, mit dem es sich identifizieren lässt: der spektrale „Fingerabdruck".

Mit dieser Technik der spektralchemischen Analyse gelang es Bunsen zwischen 1860 und 1861 zwei bis dahin unbekannte Elemente nachzuweisen, die in sehr kleinen Mengen in Mineralwasser vorkommen. Eines davon ergab dunkelrote Spektralli-

• Auf dieser Radierung aus dem Jahr 1900 demonstriert Joseph von Fraunhofer seinen staunenden Zuschauern das Spektroskop.

• Der Bunsenbrenner, der in keinem Chemieraum fehlt, ist ein kleiner Gasbrenner mit dem die Mischung aus Luft und Gas (und damit die Größe und Intensität der Flamme) mittels eines einfachen Ventils eingestellt werden kann.

nien und wurde Rubidium genannt (lateinisch für dunkelrot). 1861 entdeckte William Crookes mit derselben Technik das Thallium. Kirchhoff kam auf die geniale Idee, diese Technik umgekehrt auch zur Analyse von Sonnenlicht anzuwenden. Er und Bunsen wiesen nach, dass Fraunhofers dunkle „D -Linien" genau mit den stark gelben Linien von Natrium übereinstimmen. Daraus leiteten sie ab, dass Natrium in der Sonnenatmo-sphäre vorkommt, aber dass Natrium gelbes Licht nicht ausstrahlt (wie bei Verbrennung in der Flamme) sondern gerade absorbiert, so dass diese Teile des

Spektrums die Erde nicht erreichen. Jetzt konnte man sogar die Zusammensetzung von Sternen analysieren!

Quantensprung

Emissionsspektroskopie geht von den Gesetzen aus, nach denen sich die Elektronen in Energieniveaus oder -zuständen rund um ein Atom anordnen. Wenn ein Elektron ein kleines Paket Lichtenergie (ein Photon) absorbiert, „springt" es aus seinem Ruhe- oder Grundzustand auf ein höheres Niveau. Kommt die Lichtenergie wieder frei, fällt das Elektron wieder zurück. Die benötigten Energiemengen hängen vom Orbital ab, das die Energie und damit die Wellenlänge des ausgestrahlten Lichtes bestimmt, wenn das angeregte Elektron auf seinen Grundzustand zurückfällt. Aus dem spezifischen Absorptions- und Strahlenspektrum jedes Elements lässt sich die Elektronenkonfiguration und die Ordnungszahl des Elements ableiten.

• **LICHTINSTRUMENTE**

Das Basisinstrument der Spektroskopie ist das Spektrometer. Es besteht aus einem Eingangsspalt, der nur ein Lichtbündel durchlässt, einer Linse zum Verschmälern des Lichtbündels, sodass die Lichtstrahlen parallel verlaufen, einem Prisma oder Beugungs-gitter, um die Wellenlängen durch Brechung oder Beugung des Lichts voneinander zu

trennen, sowie einem Tele- oder Mikroskop-Objektiv. Verfügt das Instrument über eine Kamera oder andere Aufnahmegeräte, so nennt man es einen Spektrogra-fen, Instrumente mit einer kalibrierten Skala zum Messen von Spektren nennt man Spektrometer.

• Vereinfachte Wiedergabe eines Spektrographen mit Lichtbündel durch eine Linse, die vom Prisma in ein Spektrum aufgeteilt wird und auf eine fotografische Platte fällt.

Linse 1

Prisma

Linse 2

Fotografische Platte

Spektrum

Spektrometrie

DIE AUFGABE:

Mit Hilfe eines Massenspektrographen, mit dem er positiv geladene molekulare Ionen (M^+) detektieren konnte, gelang es dem englischen Wissenschaftler Francis William Aston, nicht weniger als 212 der 287 natürlich vorkommenden Isotope zu identifizieren. Dies ermöglichte zahlreiche praktische Anwendungen wie etwa die Kohlenstoffdatierung, mit der Paläontologen das Alter von Fossilien bestimmen können. Dazu untersuchen sie das Verhältnis der drei Hauptisotopen von Kohlenstoff: Kohlenstoff -12, -13 und -14. Um die Isotope zu identifizieren, muss die Anzahl der Protonen und Neutronen im Kern ermittelt werden.

DIE METHODE:

Das Atomsymbol bezeichnet die Zusammensetzung des Atomkerns. Links steht die Ordnungszahl (Zahl der Protonen) im Subskript und die Massenzahl (Protonen und Neutronen) in Superskript. Aus der Kombination von Ordnungszahl (Protonen) und Massenzahl (Protonen und Neutronen) kann die Zahl der Neutronen errechnet werden.

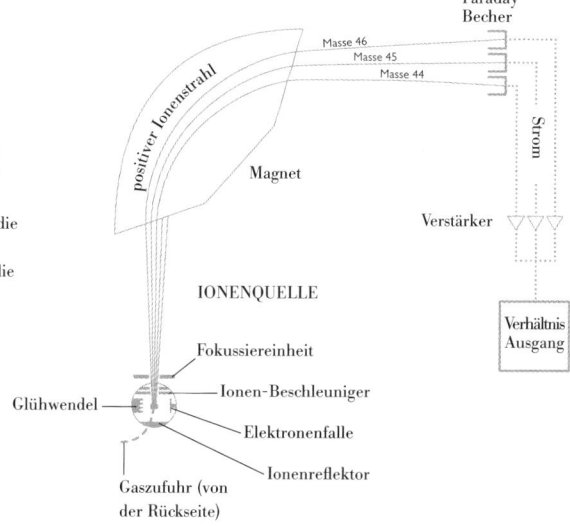

• Vereinfachte Wiedergabe eines Massenspektrometers. Das Instrument wurde zu Beginn des 20. Jahrhunderts entwickelt und bestimmt die Masse molekularer Stoffe mittels Verdampfung und Ionisierung. Anhand der Ionen, die sich durch das magnetische Feld bewegen, werden anschließend die Eigenschaften berechnet.

DIE LÖSUNG:

In einem Kohlenstoff-12 (^{12}C) Atom befinden sich 6 Protonen (Ordnungszahl 6), die Massenzahl (Zahl der Protonen und Neutronen) beträgt 12. Dies bedeutet, dass sich $(12 - 6) = 6$ Neutronen im Kern befinden. Bei Kohlenstoff-13 (^{13}C) ist die Ordnungszahl 6 und die Massenzahl 13, deshalb befinden sich $(13 - 6) = 7$ Neutronen im Kern. Bei Kohlenstoff -14 (^{14}C) ist die Ordnungszahl 6 und die Massenzahl 14, deshalb befinden sich $(14 - 6) = 8$ Neutronen im Kern. Die unterschiedliche Masse der Isotopen erklärt sich also aus der unterschiedlichen Anzahl Neutronen im Atomkern. In einem elektrostatischen und magnetischen Feld werden die leichtesten Isotop-Ionen am meisten und die schwersten am wenigsten

abgelenkt, so dass man sie mit einem Spektrometer nach Masse trennen kann. Außer zur Erkennung von Isotopen wird die Massenspektrometrie in der organischen Chemie zur Bestimmung des Molekülgewichts bei rein organischen Verbindungen verwendet. Für die Identifizierung der Bestandteile einer Mischung benutzt man einen sogenannten Gaschromatographen (GC). Die sogenannte „Zwillingstechnik" von Gaschromatografie-Massenspektrometrie (GC-MS) nutzt das Massenspektrum als eine Art chemischen Fingerabdruck, um die mit dem GC getrennten Bestandteile zu identifizieren. Die Weltraumsonde Cassini-Huygens verwendete GC-MS, um auf der Oberfläche des Saturn-Mondes Titan nach außerirdischem Leben zu suchen.

RADIOAKTIVITÄT UND ISOTOPE

Die normale Chemie beschäftigt sich fast ausschließlich mit Bewegungen und Verhalten von Elektronen. Atomkerne spielen hier kaum eine Rolle, weil sie in zum Beispiel kovalenten und Ionenbindungen oder der Elektrochemie nicht vorkommen. Wenn jedoch Atomkerne beteiligt sind, spricht man von „Nuklearchemie". Sie befasst sich mit Radioaktivität, Isotopen und Kernreaktionen.

Isotope

Wie wir bereits gesehen haben, handelt es sich bei Isotopen um Atome mit derselben Ordnungszahl, aber mit mehr oder weniger Neutronen und deshalb mit unterschiedlicher Atommasse. So haben Kohlenstoff-14 und Kohlenstoff-12 beide 6 Protonen und deshalb dieselbe Ordnungszahl (Z). Kohlenstoff-14 hat jedoch 8 Neutronen im Kern, Kohlenstoff-12 dagegen nur 6, so dass ihre Atommasse (A) 14 bzw. 12 beträgt. Da beide Isotopen die gleiche Anzahl Protonen haben, haben sie auch die gleiche Anzahl Elektronen und deshalb dieselben chemischen Eigenschaften.

Ein anderes Beispiel ist Uran-238 und Uran-235; für beide Isotopen gilt $Z = 92$, das erste Isotop hat jedoch 146 Neutronen, das zweite nur 143. Die Anzahl der Neutronen in einem Isotop beträgt A−Z. In der chemischen Nomenklatur wird ein Isotop mit der Atommasse in Superskript vor dem Elementsymbol bezeichnet:

$$^{14}C \text{ and } ^{12}C; {}^{238}U \text{ and } ^{235}U$$

Die Atommasse eines Elements ist die durchschnittliche Atommasse seiner Isotopen, wobei ihr relatives Vorkommen in der Natur berücksichtigt wird. Weitaus die meisten Kohlenstoffatome sind ^{12}C, also liegt die Atommasse dicht bei 12 (A=12,0115). Von den 83 Elementen, die in großen Mengen auf der Erde vorkommen, haben nur 20 nur ein einziges Isotop (Mononukleotid), die anderen Elemente sind Mischungen aus bis zu 10 Isotopen.

Radioaktiver Zerfall

Als Radioaktivität bezeichnet man den Zerfall eines instabilen Kerns, also die Abgabe und/oder Transformation subatomarer Teilchen, wobei Energie freigesetzt wird. Die Stabilität eines Kerns hängt vom Verhältnis der Protonen und Neutronen ab (P:N). Hat ein Isotop zu wenig oder zu viele Neutronen, so wird es instabil. Die Stabilität hängt von der Ordnungszahl ab. Alle Elemente mit einer Ordnungszahl von 84 oder höher sind instabil und deshalb radioaktiv. Der radioaktive Zerfall zeigt an, dass der Kern ein stabileres P:N-Verhältnis „anstrebt". Dabei können drei Arten von Strahlung entstehen:

Alpha-, Beta- sowie Gammastrahlung. Alphastrahlung besteht aus Teilchen mit zwei Protonen und zwei Neutronen, es handelt sich eigentlich um Heliumkationen (Heliumatome ohne Elektronen). Wenn ein Atom ein Alphateilchen ausstrahlt, nimmt die Atommasse um 4 u ab und die Ordnungszahl geht um 2 Einheiten zurück. Diese Art der Teilchenstrahlung ist typisch für schwere Elemente wie Uran. Radioaktiver Zerfall ist eine Kernreaktion und wird analog zu einer normalen chemischen Gleichung folgendermaßen beschrieben:

$$^{238}_{92}\text{U} \longrightarrow {}^{234}_{90}\text{Th} + {}^{4}_{2}\text{He}$$

Wenn ein Neutron in ein Proton und ein Elektron zerfällt, gibt der Atomkern ein Betateilchen ab. Dabei schießt das Elektron aus dem Kern und lässt das Proton zurück. Die Atommasse verändert sich nicht, aber die Ordnungszahl nimmt um 1 zu. So hat Tritium (ein Wasserstoffisotop) zwei Neutronen und ein Proton. Da dies aber zu einem instabilen P:N-Verhältnis führt, zerfällt eines der Neutronen, indem es ein Betateilchen abgibt und sich damit in ein Proton verwandelt. Damit erhält Tritium die Ordnungszahl 2 und das Wasserstoffatom wird zum Helium-Isotop:

$$^{3}_{1}\text{H} \longrightarrow {}^{3}_{2}\text{He} + {}^{0}_{-1}\text{e}$$

Für Betateilchen – auch wenn es nur ein Elektron ist – wird eine spezielle Schreibweise verwendet:

$$^{0}_{-1}\text{e}$$

Damit ist die Gleichung wieder in Balance. Wie bei einer normalen chemischen Gleichung müssen die Mengen an beiden Seiten identisch sein, bei der Kernreaktion sind dies die Atommassen und Ordnungszahlen. In diesem Fall (3 = 3 + 0) und (1 = 2 + -1).

Gammastrahlung ist eine Form elektromagnetischer Energie. Wenn ein Atomkern nach einem A- oder B-Zerfall unvollständig zurückbleibt, versucht der Kern ein niedriges Energieniveau zu erreichen, indem er ein Photon mit sehr hoher Energie (und also hoher Frequenz) abgibt. Dies bezeichnet man als Gammastrahlung. Im elektromagnetischen Spektrum liegen die Gammastrahlen in der Nähe der Röntgenstrahlen.

Marie und Pierre Curie

Marie und Pierre Curie lieferten entscheidende Beiträge zur Erforschung der Radioaktivität. Vor allem Marie Curie wurde berühmt: Sie gewann zwei Nobelpreise, überwand Rückschläge und Vorurteile, um Frauen den Weg in die Wissenschaft zu bereiten. Ihre Pionierarbeit ermöglichte wichtige Einsichten in das Phänomen der Radioaktivität.

Schwere Zeiten

Marie Curie (1867-1934), geboren als Marie Sklodowska, war Tochter eines polnischen Lehrerehepaars, das schwer unter der russischen Herrschaft in ihrem Land zu leiden hatte. Maries Schwester zog nach Paris und Marie arbeitete als Kindermädchen, um die medizinische Ausbildung ihrer Schwester zu finanzieren. 1891 folgte sie ihrer Schwester nach Paris. Sie studierte an der Sorbonne, wo sie den französischen Chemiker Pierre Curie (1859-1906) kennenlernte. Pierre entdeckte den piezoelektrischen Effekt – die elektrische Aufladung bestimmter Kristalle unter Druck – und die Prinzipien magnetischer Stoffeigenschaften.

Die beiden heirateten 1895. Marie promovierte über die Uranerz-Pechblende, und verwendete dazu von Pierre entwickelte Instrumente. Inspiriert von der Entdeckung der Röntgenstrahlen, die fotografisches Material schwärzen, entdeckte der französische Physiker Henri Becquerel (1852-1908) im Jahre 1896, dass Uran einen ähnlichen Effekt auf fotografische Platten hat und offensichtlich ebenfalls Strahlung aussendet. Marie hoffte, auch bei der Pechblende eine vergleichbare Strahlung anzutreffen. Das Mineral erwies sich allerdings als noch radioaktiver als erwartet, was auf weitere noch unbekannte radioaktive Elemente hindeutete. Pierre Curie unterbrach die eigenen Forschungen, um Marie bei der schwierigen Arbeit, diese neuen Elemente aus 1000 Kilogramm Pechblenden-Abfall zu isolieren, zu unterstützen.

• Marie und Pierre Curie bei der Verleihung des Nobelpreises: das erste Ehepaar, das gemeinsam diesen Preis erhielt (allerdings nicht das letzte: Tochter und Schwiegersohn waren die nächsten).

Halbwertzeit

Im Juli 1898 entdeckten die Curies auf diese Weise das Polonium ($_{84}$Po), das Marie nach ihrem Heimatland benannte, im Dezember das Radium ($_{88}$Ra). Die Curies führten den Begriff Radioaktivität ein und wiesen nach, dass Betastrahlung aus negativ geladenen Teilchen besteht: die Grundlage zur Erklärung der Atomstruktur. 1903 erhielten die Curies mit Becquerel den Nobelpreis für Physik. Als Pierre drei Jahre später bei einem Verkehrsunfall starb, übernahm Marie seine Stellung und wurde die erste Dozentin an der Sorbonne. Während des Ersten Weltkrieges verwendete sie radioaktive Elemente für Röntgenuntersuchungen verwundeter Soldaten an der Front. Für ihre Forschungen über Radium erhielt sie 1916 den Nobelpreis für Chemie. Die radioaktive Strahlung führte bei ihr schließlich zu Leukämie, woran sie 1934 starb. Ihre Tochter Irène (1897-1956) entdeckte das Aktinium und gewann den Nobelpreis für die Erzeugung radioaktiver Elemente durch Neutronenbeschießung.

Infolge der Entdeckung von Polonium und Radium wurden weitere radioaktive Elemente isoliert, so dass schließlich die gesamte Zerfallsreihe vom Uran bis zum Blei bekannt war. Dies erklärte auch die große Menge radioaktiver

DIE C14-METHODE

Die Halbwertszeit des Isotops Kohlenstoff ^{14}C beträgt 5730 Jahre. Dieses Wissen ermöglicht die Altersbestimmung sämtlicher organischer Stoffe. ^{14}C entsteht in der höheren Atmosphäre, wenn Kohlenstoff auf kosmische Strahlung stößt. Ein kleiner Teil des gesamten CO^2 in der Atmosphäre enthält deshalb ^{14}C, das von Pflanzen bei der Fotosynthese absorbiert und anschließend von Tieren verzehrt wird. Solange die Organismen leben, nehmen sie Kohlenstoff auf und der Gehalt an ^{14}C bleibt auf diese Weise stabil. Nach dem Tod wird das instabile ^{14}C nicht mehr erneuert und seine Konzentration nimmt ab. Durch Messung des Verhältnisses von ^{14}C zu ^{12}C kann der Todeszeitpunkt von Organismen ermittelt werden.

Elemente in Pechblende: Sie entstanden durch den radioaktiven Zerfall anderer Elemente. Es ist bis heute nicht möglich, den Zerfall eines einzelnen Atoms genau vorherzusagen. Bei relativ großen Mengen Material lässt sich aber ziemlich genau einschätzen wann die Hälfte der Atome zerfallen ist. Dieser Zeitraum wird als Halbwertzeit bezeichnet. Sie beträgt zum Beispiel bei Radon-222 3,8 Tage, was bedeutet, dass nach 3,8 Tagen die Hälfte einer Probe RN-222 zerfallen ist.

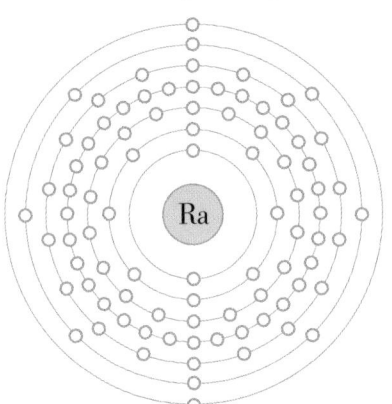

· Die Elektronenkonfiguration von Radium (Ra): ein alkalisches Erdmetall, aber auch ein schweres, radioaktives Element, das allmählich zu Radon zerfällt.

ORGANISCHE CHEMIE: EINE SEHR KURZE EINLEITUNG

Organische Chemie ist die Chemie des Kohlenstoffs: ein so besonderes Element, dass ihm ein eigenes Forschungsgebiet gewidmet wurde. Die chemischen Eigenschaften von Kohlenstoff sind Grundlage des Lebens und aller durch Leben entstandenen Stoffe: von Erdöl bis Plastik. Grundkonzepte und Begriffe der Chemie werden hier kurz erläutert.

Die Chemie des Kohlenstoffs

Das Kohlenstoffatom hat sechs Protonen und sechs Elektronen, zwei in der inneren und vier in der äußeren Schale. Diese vier Elektronen sind der Schlüssel zu den Eigenschaften des Kohlenstoffs, denn sie ermöglichen es dem Kohlenstoffatom, vier kovalente Bindungen mit anderen Atomen einzugehen, auch mit den eigenen. Diese Bindungen können einfach, doppelt oder dreifach sein. Dank dieser Selbstbindung kann Kohlenstoff lange Ketten bilden, an die sich anderer Elemente anschließen können. Die Anzahl möglicher Kombinationen von Kohlenstoffatomen und anderen Elementen ist schier unbegrenzt.

Seit es den Chemikern gegen Ende des 18. Jahrhunderts gelang, organische von anorganischen Stoffen zu trennen, wurde die Vielfalt und Komplexität der organischen Chemie zu einer enormen Herausforderung. Lavoisier zeigte, dass die Zahl der Elemente in organischen Verbindungen sehr begrenzt ist, alle enthalten Kohlenstoff und Wasserstoff, oft in Verbindung mit Sauerstoff und manchmal mit Stickstoff. Je größer die Fortschritte in der organischen Chemie, umso schwieriger wurde es, die Ergebnisse in einem System zu ordnen. Justus von Liebig (1803-1873), einer der Pioniere der organischen Chemie, der mit seinem Kondensationsapparat die Analyse der organischen Verbindungen wesentlich erleichterte, verzweifelte an dieser Aufgabe, und wandte sich schließlich der angewandten organischen Chemie zu. Erst 1858 gelang es Friedrich August Kekulé (1829-1896) eine alles umfassende Theorie chemischer Strukturen zu formulieren, in der die Kohlenstoffketten eine zentrale Rolle spielten.

Kohlenwasserstoffe

Die einfachsten organischen Verbindungen entstehen, wenn sich Wasserstoffatome an Kohlenstoffketten binden. Diese „Kohlenwasserstoffe" kommen in vielen Formen vor und heißen nach der Bindungsart zwischen den Atomen. Moleküle mit einfachen Bindungen nennt man „Alkane", mit einer oder mehreren Doppelbindungen „Alkene" und mit einer oder mehreren Dreifachbindungen „Alkyne". Schließen sich die Kohlenstoffatome zu einem Ring zusammen, spricht man von „zyklischen Wasserstoffen" oder „Cyclohexanen" (die Ringe bestehen aus sechs Kohlenstoffatomen). Eine wichtige Gruppe der Cyclohexane sind die Aromastoffe, bei denen der Cyclohexanring abwechselnd einzelne und Doppelbindungen eingeht. Alkanmoleküle bezeichnet man als gesättigt, weil jedes Kohlenstoffatom vier Bindungen mit vier verschiedenen Atomen eingeht.

Durch die große Varietät und Komplexität kann die Molekül- und Strukturformel bei organischen Verbindungen sehr unterschiedlich aussehen. Der Kohlenwasserstoff Butan hat die Molekülformel C_4H_{10}, kann jedoch andere Formen mit anderen Strukturformen annehmen. Bei normalem Butan zeigt die Strukturformel die Kohlenstoffatome in einer linearen Kette:

$$CH_3-CH_2-CH_2-CH_3$$

Diese verkürzte Strukturformel unterscheidet sich von einer vollständigen Formel, die jedes Wasserstoffatom einzeln und sämtliche Bindungen zwischen jedem einzelnen Atom zeigt. Die Kohlenstoffatome haben am Ende der Kette drei Bindungen übrig und verbinden sich deshalb mit drei Wasserstoffatomen. Die Atome in der Mitte der Kette brauchen jedoch zwei Bindungen, um sich an beiden Seiten an ein Kohlenstoffatom zu binden, so dass sie sich nur an zwei Wasserstoffatome binden. Angesichts

DER TRAUM VON KEKULÉ

Kekulé behauptete, er habe dass die hexagonale Ringstruktur des einfachsten Cyclohexens, Benzol, (C_6H_6), in einem Traum erkannt. Während er darüber nachdachte, welche Struktur Benzen habe, „drehte ich meinen Stuhl zum Feuer hin und schlief ein. Die Atome tanzten vor meinen Augen [...] auf und nieder und ringelten sich wie Schlangen. Aber was war das? Eine der Schlangen hatte sich in den eigenen Schwanz gebissen und diese Form wirbelte spöttisch vor meinen Augen umher. Wie vom Donner gerührt fuhr ich hoch ...".

dieser Molekülformel ist eine andere Struktur mit verzweigten Kohlenstoffatomen möglich:

$$CH_3-CH-CH_3$$
$$|$$
$$CH_3$$

Eine Verbindung mit demselben Molekül, aber anderer Strukturformel heißt Isomer, also Isobutan. Bindet sich ein anderes Element als Wasserstoff an ein organisches Molekül, heißt dies „funktionale Gruppe". Beispiele sind Alkohole (eine OH-Gruppe bindet sich an die Kohlenstoffkette) und Amine (eine stickstoffhaltige Gruppe mit $-NH_2$). Die einfachste Form von Alkohol ist Methanol oder (Methyl oder Holzalkohol): CH_3OH. Ethanol (der Alkohol in Wein, Bier und Spirituosen) hat die Formel CH_3CH_2OH.

REGISTER

BEGRIFFSERLÄUTERUNGEN

Aktivierungsenergie Energie die erforderlich ist, um eine Reaktion in Gang zu setzen.

Alkali eine Base, die sich in Wasser auflöst um Hydroxidionen zu produzieren.

Anorganische Chemie die Chemie der Elemente und ihrer Verbindungen, mit Ausnahme von Kohlenstoff.

Atommasse Masse eines Atoms in Masseneinheiten, $1\ u = {}^1/_{12}$ der Masse eines Kohlenstoff-12-Atoms.

Base eine Verbindung die mit einer Säure reagiert und ein Salz produziert.

Kovalente Bindung Verbindung die entsteht, wenn zwei Atome einige Elektronen teilen, so dass diese die beiden Atome umkreisen.

Endotherm eine Reaktion, die Wärmeenergie aus der Umgebung aufnimmt.

Exotherm eine Reaktion die Wärme erzeugt.

Ion ein Atom, das durch Aufnahme oder Abgabe eines oder mehrerer Elektronen eine positive oder negative Ladung erhalten hat.

Isotop Atome desselben Elements mit derselben Ordnungsnummer (derselben Anzahl Protonen im Kern) aber mit einer unterschiedlichen Anzahl Neutronen und deshalb einer unterschiedlichen relativen Atommasse.

Kinetische Energie Bewegungsenergie von Teilchen, die die Geschwindigkeit und Kraft ihrer Bewegung steuert.

Massenzahl Gesamtzahl der Protonen und Neutronen in einem Atomkern.

Organische Chemie Chemie der Kohlenstoffverbindungen.

Oxidation Abgabe von Elektronen. Eine chemische Reaktion, bei der Elektronen verloren gehen wie bei einer Reaktion mit Sauerstoff.

Ph-Wert Säuregrad einer Lösung in Wasser, zeigt die Konzentration von H^+-Ionen an.

Pneumatische Chemie Zweig der Chemie, der sich mit Gasen beschäftigt.

Radioaktivität Auflösung oder Zerfall eines instabilen Kerns, wobei subatomare Teilchen abgegeben und/oder transformiert werden und Energie freigegeben wird.

Relative Atommasse durchschnittliche Masse des Atoms eines natürlichen Elements im Verhältnis zu seinen natürlich vorkommenden Isotopen.

Säure Verbindung, die die Konzentration von H^+-Ionen im Wasser erhöht.

Valenz Bindungsfähigkeit eines Atoms, Ions oder Radikals. Die Zahl der Valenzelektronen bestimmt die Bindungsmöglichkeit und die Ionenladung.

Verbrennung Reaktion einer Verbindung mit Sauerstoff. Dies ist eine Redoxreaktion, (Abkürzung von Reduktion-Oxidation).